AF297156
INVENTAIRE
46.088

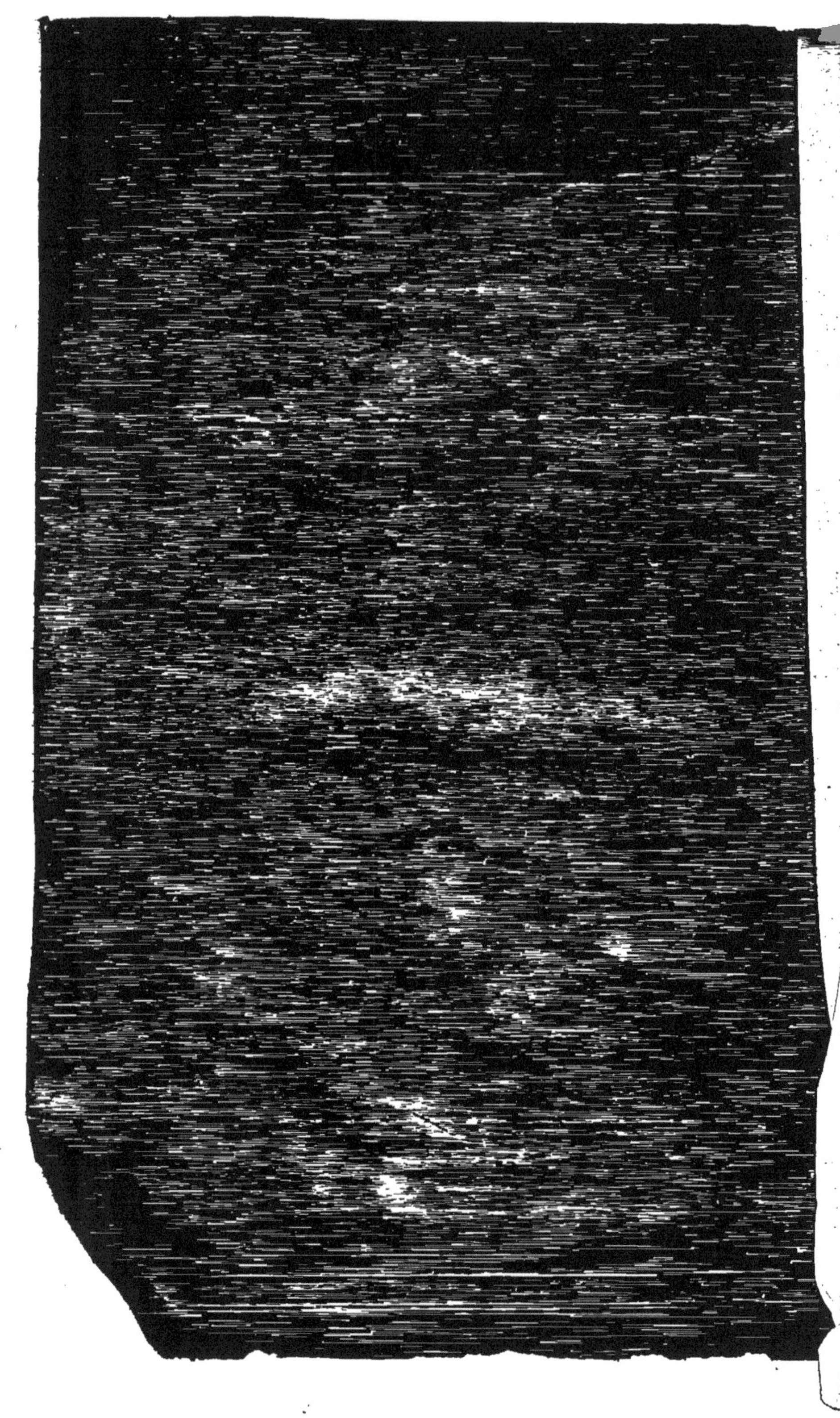

MANUEL

de la

SPHÈRE NATURELLE,

PAR MARTIN.

umanité, Patrie.........

Chez l'Auteur, rue Clermont, n. 7,

Et tous les Libraires

LYON. --- JUIN, 1833.

Lyon, imprimerie de J, Perret, rue St-Dominique, u. 13.

ERRATA

En forme

D'AVANT-PROPOS.

J'avais résolu d'abord de ne jeter aucuns préliminaires au-devant de cet ouvrage, ou de m'en tenir à un avis très bref, puis il s'est trouvé tant de choses à justifier, à expliquer, que je me vois contraint de crier bien haut : écoutez, écoutez, ne jugez pas sans avoir entendu ; et d'abord vous avez aperçu un trait au premier jambage de la lettre h qui commence haut, ne cherchez pas à le gratter, à le faire disparaître, vous vous donneriez une peine inutile, *on en a mis partout*, et voici pourquoi : cet ouvrage est spécialement destiné aux élèves, or la différence de l'h muet à l'aspiré n'est pas une connaissance innée, dès lors il m'a

semblé convenable que cette différence fût déterminée. On place bien une cédille sous le ç doux,
pourquoi non un trait bien petit, bien léger à
cette lettre h que nous nommons aspirée ? La cédille, dans tous les cas possibles, donne un aver-
tissement salutaire, me dit-on, et votre trait
devient assez souvent inutile, l'élève ne pourra
pas lire l'haut, puisqu'il verra le haut. J'accepte
l'objection, mais croyez-vous que cet élève se
souvienne toujours que la première lettre de
haut ne souffre point de liaison, d'élision ? et si
par hasard il se rencontre plus haut, comment
lira-t-il ? sera-ce plu-aut ou plu-zaut ? il faudra
deux ou trois explications que le trait évitera, il
faudra donner souvent de la mémoire attentive à
l'élève, et le trait, un simple trait suffira pour l'a-
vertir. Permettez donc que j'indique la différence
de ces h muet et aspiré, permettez-le moi d'autant
plus bénévolement que je ne change rien à la forme
de la lettre. Dans les ouvrages de littérature, ce
trait ne se montrera pas, c'est une affaire con-
venue par avance ; mais dans un volume classique,
dans une grammaire épineuse, nous introduirons
la caractéristique ; il restera toujours assez de
difficultés pour le pauvre élève.

Puisque nous voila d'accord sur ce point, on
devait donc apposer le trait à tous les h aspirés
c'était bien mon intention, et cependant on l'a
oublié quelquefois, mais je vous prierai de faire

attention que c'est la première fois qu'un compositeur place devant lui la case des h aspirés, que sa main non habituée à courir jusqu'à cette nouvelle lettre, se porte naturellement sur l'h commun, et vous aurez toute l'indulgence que l'on doit à un essai.

Si c'était là l'unique faute qui eût trouvé place dans ce manuel, je n'en parlerais pas et l'œil l'apercevrait à peine, mais il en est de plus graves, et dans les noms de lieu, ce que l'on évite avec tant de soin et tant de raison dans les ouvrages géographiques. La quatrième feuille surtout et dans cette feuille la page 58e présente plusieurs erreurs; à la dixième ligne, une phrase mal construite que l'on ne peut malheureusement jeter sur le compte de l'imprimeur. On lit: le grand Océan donne naissance à la mer du Kamtschatka et par la manche de Tartarie les mers de la Chine et du Japon. etc.: c'est une faute, une faute grossière, lisez vite, je vous prie: le grand Océan donne naissance à la mer du Kamtschatka, la terre formant le cap Lopatka, et par la manche de Tartarie, aux mers de la Chine, et du Japon etc. Passons, mais cette malheureuse page présente encore, à l'avant-dernière ligne, l'archipel d'Yiesso pour l'archipel d'Yesso, l'i étant inutile, et deux lignes plus haut, dans Kotclonoi on trouve un c à la place d'un e et le second o redondant puisque l'on doit lire Kotelnoi. Dirai-je encore

que le numéro 30 ne se trouve pas au paragra-
phe qui devait le présenter, c'est une faute si
minime ? parlerai-je de deux ou trois lettres échap-
pées par-ci par-là au commencement ou à la fin
de telle ou telle ligne ? vous l'apercevrez aisément, aussi je n'en dirai rien; en général la ty-
pographie est assez correcte.

Quant au style je ne puis en conscience dire
précisément la même chose, j'ai toujours cherché à le rendre clair et correct en même temps,
à présenter ces matières abstraites de manière à
les rendre intelligibles à l'esprit le moins perspi-
cace; je n'ai pas toujours réussi aussi bien que
je l'aurais souhaité ; même quelques phrases peu
correctes se sont glissées à mon insu. Mais ce
point m'a paru d'une importance secondaire; le
nécessaire, l'indispensable consistait à n'oublier
aucun article essentiel, en cela j'ai tenté d'approcher du but autant qu'il m'a été possible. Dans
l'ensemble du manuel, chaque nouvel article devait être une conséquence du précédent, j'ai prouvé le premier de tous. Cette marche logique m'a
semblé la meilleure pour un ouvrage classique et
pour offrir la science en un faisceau indivisible,
comme la nature est toujours une dans ses har-
monies diverses. Mais comme la mémoire de l'é-
lève se fût trop fatiguée de suivre des conséquen-
ces pendant une centaine de pages, chaque para-
graphe porte un numéro, et lorsqu'il est besoin

de rappeler les preuves qui servent de base, un chiffre placé entre parenthèses indique l'alinéa qui les contient ; de manière qu'il est aisé de prendre, quitter, reprendre l'ouvrage sans crainte de se perdre au milieu des phénomènes, cercles, ellipses, tout étant toujours à la fois sous les yeux.

Dans la géographie physique et surtout la partie qui s'occupe des terres et des eaux, j'ai tenté de m'approcher de l'enseignement de M. Girard, c'était marcher avec la nature, puisque cet enseignement la suit et la développe d'une manière admirable. Parcourant les parties saillantes du globe, les suivant dans leurs mille et mille contours, M. Girard les montre comme les réservoirs des eaux qui jaillissent, fécondent, avivent les terres ; à leurs pieds s'étendent, se prolongent les bassins toujours plus ou moins étendus en raison de la hauteur des montagnes, de la grandeur des fleuves, rivières, ruisseaux mêmes. Chacun de ces bassins présente les populations ici entassées dans un vallon fertile et délicieux, là rares et perdues dans des plaines de sables brûlans ou de stériles savannes. Chaque irrigation va déboucher dans une mer, dans l'Océan ; et ce système, suivant son cours lent ou rapide, remarque, éclaire tout sur son passage et développe la nature, la société, enfin la géographie d'une manière aussi neuve qu'agréable. Je n'ai pu que donner une idée bien vague de cet ensemble si fécond en vues nouvelles, laissant aux cartes magnifiques de l'auteur le soin de présenter dans toute sa grandeur imposante cette géographie vraiment universelle.

Le plan de l'ouvrage me forçait à ne présenter que les notions qui ne peuvent changer, à ne prendre de la nature que ce qui résiste au temps et à ses révolutions; j'avais à m'occuper des bases de la science géographique, plutôt que de la géographie, qui précise les changemens causés par les conquêtes ou la volonté de quelques hommes. Les détails variés à l'infini demandent des ouvrages particuliers, des développemens qui ne sont point la matière d'un manuel de sphère. Je n'ai même placé les divisions politiques de chaque partie du monde que pour aider l'intelligence de ce qui est indépendant de la volonté ou du caprice des humains. J'ai voulu que l'on sût où prendre un fleuve, un volcan; car on connaît mieux les hommes et les choses lorsque l'on sait, l'on voit leur demeure, leur adresse.

Je me suis permis de changer quelques expressions, mais j'ai toujours mis en regard le terme consacré par l'usage, une seule exceptée. J'ai appelé Colombie le nouveau monde qui porte le nom d'Amérique, je l'ai fait parce que j'ai entendu tous les hommes dire que le nom d'Amérique consacrait une injustice; pourquoi la conserver, pourquoi en continuer l'habitude? Celui qui nous a gratifiés d'un monde nouveau, inconnu, mérite bien que nous lui rendions l'unique témoignage de gratitude qui soit en notre pouvoir. Nous n'avions pas les mêmes raisons pour conserver longitude et latitude ; aussi me suis-je permis de les changer : il me semble que politude, antipolitude expriment mieux, et si l'on veut ajouter seulement à ces deux mots arctique ou antarctique, on connaîtra sur-le-champ la position des lieux dans chaque hémisphère. Un seul mot, un seul a été innové : voulant exprimer l'ensemble du jour et de la nuit, je n'ai pas trouvé d'expression propre, j'ai hasardé *diurnée*, laissant à jour le soin d'exprimer cette portion du temps qui nous fait jouir de la lumière.

J'ai peut-être eu recours aussi à quelques explications neuves, à de nouveaux modes de procéder, indiquant cependant toujours, lorsqu'il y en avait un, le moyen en usage ; mais il est aisé de sentir que toutes ces nouveautés, qui du reste ne touchent en rien à la science, mais viennent seulement de la manière de la présenter, ne sont pas de mon fait ; toutes elles dépendent essentiellement de l'organisation même de la sphère. En effet ce n'est plus la nature représentée par un procédé ingénieux, c'est la nature elle-même. La sphère s'ouvre et présente l'état du ciel tel que les hommes le connaissent et le décrivent, je devais donc me borner à remplir cette tâche le moins mal que je pourrais faire.

A ce propos il n'est pas inutile de dire que j'avais averti dans le corps de l'ouvrage, que déplaçant la lune et la terre, et leur donnant, de la lumière qui représente le soleil, l'éloignement voulu, on obtiendrait l'éclipse totale pour la terre; la chose est devenue impossible, le mécanicien ayant été obligé de fixer les pièces, mais il est aisé de suppléer à ces deux corps par deux autres quels qu'ils soient, et de démontrer la véritédes éclipses rares mais vraies de la totalité du soleil pour la terre. C'est là le seul phénomène que l'on ne puisse imiter, tous les autres étant tels qu'ils ont été annoncés.

Je devais arriver à l'intelligence de l'enfant par ses yeux, j'ai dû chercher à tout simplifier, pour qu'un coup-d'œil pût tout voir, tout embrasser; aussi j'espère qu'après quelques mouvemens exécutés par le professeur, l'élève comprendra nettement l'organisation de notre univers. Il verra aisément qu'il n'est point d'astre qui n'ait ses fonctions, point d'étoile qui ne révèle un prodige. Il sentira que telle ou telle étoile n'est proprement perpendiculaire à aucun des points terrestres; que l'hémisphère céleste arctique ne peut se placer indifféremment sur tel hémisphère terrestre; que sa position est fixe et invariable, bien que chacun des astres de cet hémisphère passe nécessairement, une fois chaque diurnée, par le méridien de chaque point du globe.

Cette intelligence obtenue lui fera aisément comprendre pourquoi le ciel des planisphères éprouve un retard de quelques heures sur celui de la sphère? car l'élève étudiera, autant que la chose est possible, l'état du ciel en même temps que celui de la terre et par la connaissance détaillée des planisphères superposés, il arrivera aisément à comprendre les détails de la sphère.

Il est essentiel de remarquer que, ne voulant point laisser les contours des terres polaires étranglés dans des cercles étroits, je n'ai point courbé les parallèles à l'équateur, pensant que la courbe des méridiens suffirait pour que le professeur expliquât la nature des projections. En cela j'ai sacrifié cette vérité, qui veut que l'on ne puisse représenter une surface circulaire sur un plan, sans courber les lignes qui doivent fixer les contours, mais j'ai pensé qu'en avertissant de la faute, il n'y aurait plus d'erreur. J'ai jeté des séparations dans les planisphères pour que l'élève pût couper et ne consulter que le quart ou le huitième à la fois, ce qui sera moins embarrassant. J'ai placé en regard de chaque hémisphère terrestre, l'hémisphère céleste visible pendant la nuit, mettant par dessous l'hémisphère céleste qui répond au jour, de manière que l'ensemble n'offrît point de difficultés pour l'étude.

En un mot j'ai toujours voulu faire ce que j'ai cru le mieux, mais dans toutes les tentatives il reste beaucoup à désirer, et celui qui travaille le premier, est bien souvent celui qui voit le moins les défauts et les moyens de les faire disparaître, en conséquence je prierai Messieurs les professeurs de vouloir bien suppléer à ce qui manquera, retrancher ce qui leur semblera inutile, expliquer ce qui paraîtra obscur, et surtout m'honorer assez pour me faire parvenir leurs observations qui tourneront au profit de la science. Tous nous travaillons à rendre l'enseignement en général, celui de la sphère en particulier, je ne dirai pas moins aride, moins difficultueux, mais aussi agréable qu'il se pourra faire; alors pourquoi ne pas unir nos efforts! nous voulons tous le même but, donnons-nous la main et bientôt les difficultés nombreuses qui se rencontrent et dans la science et dans l'intelligence de l'élève disparaîtront devant le courage puissant, le vouloir énergique de tant d'hommes de cœur et de pensée.

MANUEL

de la

SPHÈRE NATURELLE.

DIVISION GÉNÉRALE.

1. La géographie est la description de la terre.

La terre peut être considérée comme un corps céleste, et dans ses rapports avec les autres astres, c'est la cosmographie, ou description du monde.

Elle peut être décrite en elle-même, accompagnée des phénomènes qui ont lieu à sa surface, dans sa structure extérieure, intérieure, et ses productions; ce qui constitue la géographie physique.

Enfin on peut l'envisager comme demeure de l'homme, dans les délimitations qu'il y a établies, dans les différences physiques et morales causées à l'espèce par les climats, les habitudes; sous ce point de vue la géographie est purement humaine ou historique.

Nous traiterons d'abord de la cosmographie, parce qu'il est un grand nombre de phénomènes qui seraient difficiles à comprendre, si l'on ne connaissait les liens étroits qui unissent la terre et les autres corps célestes.

COSMOGRAPHIE.

FORME ET POSITION RELATIVE DE LA TERRE.

2. Le voyageur placé pendant la nuit au milieu d'une vaste plaine, s'aperçoit aisément que sa vue

1

est bornée de tous côtés à une distance égale, qu'il est par conséquent le centre d'un vaste cercle, que l'on nomme horizon ou borneur (le point perpendiculaire au-dessus de sa tête se nomme zénith, et le point opposé nadir). Il voit, à chaque pas qu'il fait, disparaître quelques-unes des étoiles placées derrière lui, tandis que de nouvelles se montrent à ses yeux, et cet effet se reproduit dans quelque sens qu'il porte ses pas. S'il s'avise de rétrograder, les étoiles perdues de vue reparaissent dans le même ordre, et celles qu'il avait découvertes disparaissent à leur tour. En vain il emploie le secours de la lunette, elles ne sont plus visibles. Il faut en conclure naturellement que la surface de la terre est courbe ou ronde, car si elle était plate, il faudrait parcourir la plaine tout entière, avant que de perdre de vue une seule étoile qui ne pourrait être cachée que par une hauteur placée entre l'étoile et l'œil observateur.

Pour avoir une idée de l'ensemble, on ouvre la sphère, qui laisse voir la terre petite, à la vérité, mais suffisante, environnée d'un amas d'étoiles. Pour justifier sa forme, on prend une règle, on la place sur quel point de la terre on veut ; chaque bout de la règle va toucher les étoiles. Faisant décrire un cercle à la règle, on aura l'horizon. Si on déplace le point central, autrement si l'on balance la règle, on verra l'horizon hausser et baisser ; l'étoile qui était à l'un des bouts disparaîtra, et celle qui se trouvait sous l'autre extrémité passera dessus ou montera sur l'horizon.

3. Bientôt les étoiles disparaissent pour faire place au soleil, dont la lumière nous arrive successivement, faible d'abord, abondante ensuite, ce qui ne pourrait avoir lieu si la terre était plate, car les rayons inonderaient tout un côté de la terre à la fois ; de même, lorsque le soleil va disparaître, la lumière

s'affaiblit graduellement et abandonne les objets les uns après les autres, en raison de leur élévation. La plaine n'a déja plus le soleil, que l'on voit encore ses rayons dans la hauteur. Le soleil caché pour l'œil qui l'observe au pied d'une tour est encore visible pour l'homme placé à son sommet. Or, la tour produit précisément l'effet que produisaient les pas du voyageur, marchant vers le soleil ou vers l'étoile. Tous ces effets prouvent, de manière à n'en pouvoir douter, que la terre est ronde.

Pour rendre cette preuve intuitive, on place sur la terre une feuille de papier: on la tient horizontalement ; on élève le soleil, représenté par un morceau de bougie allumée, jusqu'à ce que sa lumière la domine, et l'effet est produit.

4. Si l'observateur demeurait immobile, les étoiles et le soleil n'en paraîtraient pas moins d'un côté de la terre, puis iraient disparaître de l'autre, mais toujours décrivant là même courbe, poursuivant la même route, paraissant toujours du même côté, disparaissant du côté opposé, ce qui doit laisser dans le ciel deux points où les étoiles semblent n'avoir aucun mouvement, ou au moins un mouvement très-faible. En effet, les étoiles décrivent des courbes qui s'affaiblissent sensiblement, mais toujours dans le même sens, ce qui a fait donner dans le ciel, aux lieux où les astres paraissaient se lever, et sur la terre, aux points correspondans, les noms de Levant ou Est, et aux points opposés ceux de Couchant ou Ouest. Les points qui n'ont qu'un mouvement très-faible portent le nom de Nord, et ceux qui voient décrire les plus grands cercles, ou les points opposés, se nomment Midi ou Sud. Ces points cardinaux seuls sont fixes; les autres

ne sont que relatifs, chaque partie du globe ayant un levant et un couchant particuliers.

Afin de produire le jour on enlève tout le côté de la sphère qui regarde le soleil ou la bougie allumée, puis on tourne graduellement l'autre côté qui doit représenter la nuit, cachant la bougie dans le cylindre qui la soutient ; le jour et la nuit deviennent alors intuitifs.

GRANDEUR DE LA TERRE.

5. Les étoiles ou plutôt l'étoile qui n'a point de mouvement, doit toujours regarder le même point de la terre, à moins que cette dernière ne tourne vers cette étoile, tantôt l'un de ses côtés, tantôt l'autre, ce qui n'existe pas. Regardant toujours le même point, elle doit cependant monter sur l'horizon, lorsque l'observateur marche dans sa direction, parce que la terre étant ronde (2 et 3), la courbe doit disparaître insensiblement pour celui qui s'avance vers un point fixe : dès-lors cette étoile peut servir à mesurer la grandeur de la terre. En effet, la terre ronde, comme tout ce qui présente cette forme, se trouve partagée en trois cent soixante parties, que l'on nomme degrés, chaque degré en soixante autres portions nommées minutes, chaque minute en soixantes secondes ; ce que l'on écrit ainsi pour abréger, le degré °, la minute ¹, et la seconde ¹¹ ; si l'on poussait la division plus loin, on augmenterait le nombre des traits : on en mettrait trois ¹¹¹ pour les tierces, etc. Dès-lors pour connaître la longueur d'un degré sur la terre, il ne s'agit que de prendre un quart de cercle divisé en quatre-vingt-dix parties, portant une lunette à son centre, et lorsque la lunette aura décrit le quart de cercle, l'observateur aura parcouru le quart de la terre. Mais préa-

lablèment il faut se placer de manière que l'étoile immobile soit à l'horizon, la lunette de son côté sera horizontale, puis, lorsque la lunette, abandonnant la la ligne horizontale, aura monté d'un degré ou de la quatre-vingt-dixième partie du quart de cercle, nécessairement on aura parcouru sur la terre la quatre-vingt-dixième partie du quart de sa circonférence, et plus on avancera, plus la lunette parcourra de degrés, jusqu'à ce qu'enfin, arrivée sous l'étoile même, elle soit perpendiculaire. Mais si l'on observe quelle longueur il faudra parcourir sur la terre, pour que la lunette s'élève d'un degré, l'on aura précisément la longueur de la trois cent soixantième partie de la terre, qui sera par conséquent trois cent soixante fois plus grande. Or, cette observation faite, un degré s'est trouvé long de 25 lieues, et par conséquent le contour de 9,000.

APLATISSEMENT DE LA TERRE.

6. Nécessairement si la terre avait la même courbe partout, il faudrait toujours faire la même quantité de chemin, pour que la lunette parcourût un degré; mais on a trouvé que plus l'on s'avançait près de l'étoile immobile, plus il fallait marcher pour obtenir un degré; on en a conclu avec juste raison que la terre était moins ronde, plus plate près des lieux placés sous l'étoile. Cet aplatissement a été estimé la trois cent soixante-huitième partie de la totalité; quantité insensible et que l'on ne peut rendre sur un globe toujours de petite dimension, comparé à la terre. On ne peut choisir une autre étoile pour point de comparaison, attendu qu'elle fuit devant l'observateur,

et que celui-ci n'a pas fait la millième partie du chemin d'un degré que déja l'étoile en a parcouru un grand nombre.

MOUVEMENS DE LA TERRE.

7. Or, les étoiles et le soleil, qui s'élèvent d'un côté du ciel pour se coucher de l'autre, sont des effets qui peuvent être produits par deux causes : ou bien les astres, le ciel tout entier tournent autour de la terre, ou la terre tourne sur elle-même au milieu d'un ciel immobile, et toujours dans le même sens, puisqu'il est des points qui regardent toujours les mêmes étoiles et paraissent fixés, points que pour cette raison l'on nomme pôles ou pivots, d'un mot grec, donnant aux étoiles correspondantes le nom de polaires. En tournant sur elle-même, la terre voit successivement paraître et disparaître le soleil et les étoiles ; or, si ce n'est pas la terre qui tourne sur elle-même, les mêmes phénomènes célestes doivent toujours être visibles pour la même partie de la terre, ce qui n'est pas, n'a jamais été ; donc la terre tourne sur elle-même, et voit tout l'espace du ciel en vingt-quatre heures ou une diurnée (*). Elle tourne, mais dans un sens opposé à celui sous lequel elle croit voir se lever et se coucher les astres, et puisque ceux-ci se lèvent à l'est et se couchent à l'ouest, il en résulte que la terre opère son mouvement de rotation de l'ouest à l'est.

(*) J'emploie ce mot nouveau, n'en trouvant point dans la langue pour exprimer ensemble la durée du jour et de la nuit.

La même observation des phénomènes célestes qui n'ont lieu qu'à des temps précis, après des intervalles calculés d'avance, pour une partie de la terre plutôt que pour l'autre, se reproduisant toujours les mêmes, a prouvé de nouveau que la terre tournait autour du soleil en un certain laps de temps, que l'on nomme année, et qui est de 365 diurnées et six heures à peu près. Ainsi la terre a deux mouvemens, l'un de rotation sur elle-même, qui produit successivement le jour et la nuit, l'autre autour du soleil et que l'on nomme révolution, auquel nous devons les changemens divers de froid et de chaud.

Ces deux mouvemens peuvent devenir intuitifs. Faites tourner la terre sur elle-même, et vous verrez qu'il fait successivement jour et nuit pour tous les points de sa surface; pour le second, faites parcourir à la terre la courbe sur laquelle elle s'appuie.

CLASSIFICATION DES CORPS CÉLESTES.

8. Puisque la terre tourne autour du soleil, il en résulte que ce dernier est un corps fixe ; de même les étoiles, conservant toujours la même position en-tr'elles, et par rapport aux autres astres, sont des corps fixes. Ces corps sont lumineux par eux-mêmes, les autres corps, gravitant autour du soleil, et changeant continuellement de position par rapport à l'ensem-ble, sont opaques ou non lumineux, ils reçoivent du soleil la lumière qui les éclaire; on les nomme er-rans. Ces corps sont de deux espèces : ceux qui ont une marche irrégulière, ou du moins qui n'a pu être calculée par l'homme, ce sont les comètes, ou corps chevelus, nommés ainsi parce qu'ils traînent après eux

un large ruban de lumière qui semble leur servir de chevelure ; et ceux qui décrivent des courbes plus ou moins grandes, mais toujours les mêmes, dont la marche a été calculée, ce sont les planètes ; la terre est par conséquent une planète. Ces planètes ont elles-mêmes d'autres corps qui tournent autour d'elles, sans variation, ni changemens non prévus, ce sont les satellites ou planètes secondaires.

Tel est l'état du ciel : les étoiles, dont le mouvement propre, si elles en ont un, ne peut être calculé, vu leur extrême distance, forment le fond du tableau ; le soleil, moins éloigné, soumis à un mouvement faible, et qui semble fixe par rapport au tout, moins éloigné de nous, à une distance calculée ; les autres corps tous en mouvement, les uns voyageant dans toutes les directions, tantôt très rapprochés, tantôt immensément éloignés, les autres suivant une marche régulière et traînant autour d'eux des corps dont la course est aussi uniforme.

L'ouverture de la sphère donne une idée de cet ensemble. Les étoiles enveloppent tout, le soleil est placé vers le centre de la sphère, au milieu des planètes, qui s'appuient sur des courbes régulières ; la terre a un satellite ; tous ces corps tournent autour du soleil, et les étoiles ne varient jamais de position. Les comètes seules n'ont pu trouver place, à cause de l'irrégularité de leur marche, et de peur de confusion.

NOMBRE DES ÉTOILES FIXES.

9. Bien qu'à la vue simple on n'aperçoive dans l'étendue des cieux qu'environ deux mille étoiles, à l'aide d'une lunette on en voit des milliers dans un court espace, et probablement on en verrait une quantité infinie, si les moyens optiques de l'homme n'étaient pas

bornés. Pour reconnaître dans l'espace le peu d'étoiles qu'il voyait, l'astronome a été forcé de les ranger en groupes, de supposer des figures qui en continssent une certaine quantité, figures nommées signes et constellations. Chacune de ces figures contient quelques-unes des étoiles les plus scintillantes, qui ont pour la plupart un nom particulier. Le nom de la figure a passé même sur la terre, ainsi le pôle placé sous l'étoile qui fait partie du groupe nommé l'Ourse, reçut le nom d'arctique, nom grec de l'Ourse, et le pôle opposé prit le nom d'antarctique.

On peut s'assurer de tout cela en jetant les yeux sur le globe céleste occupé par des figures bizarres, et reconnaître l'étoile polaire, qui fait partie de la Petite-Ourse, puis l'étoile diamétralement opposée.

DISTANCE DES ÉTOILES.

10. Nous avons vu les étoiles, par leur déplacement à l'œil de l'observateur, servir à mesurer la grandeur de la terre (5), mais celle-ci ne peut suffire pour laisser calculer même approximativement la distance qui nous sépare des étoiles. La terre dans sa révolution autour du soleil, quel que soit le point qu'elle occupe sur sa courbe, regarde toujours les mêmes étoiles, comme si le ciel avait suivi son mouvement, et cependant la distance qui sépare deux points de la courbe peut être de soixante huit millions de lieues. Eh bien, cette distance parcourue, l'étoile polaire regarde toujours le pôle arctique, d'une manière tellement la même que la lunette d'observation n'a pas changé d'angle. Ainsi les étoiles sont à une distance infinie de notre globe, ce qui fait hardiment penser

que ce sont des corps lumineux par eux-mêmes, autrement nous ne pourrions les apercevoir. Pour bien comprendre comment cette distance est infinie, il ne faut que se figurer un vaisseau sans mouvement au milieu des mers; un observateur placé sur le pont, aperçoit à l'horizon la cime d'un mont, cime peu élevée et qui donne un degré à son quart de cercle. Si le vaisseau avance du côté de la pointe aperçue, elle grandira ou elle s'approchera, mais il est supposé immobile, et l'observateur parcourt en vain le pont tout entier, la cime reste la même et sa lunette aussi; tout changera moins encore s'il ne fait qu'un pas en avant, s'il tend seulement la tête; il en est ainsi: la courbe décrite par la terre est le pont du vaisseau; où que cette dernière se place, elle n'est ni plus près ni plus loin de telle ou telle étoile, la lunette n'a pas changé de position; ainsi leur éloignement est incommensurable pour nous.

Dieu seul la connaît, Dieu, qui les plaça de ses mains, Dieu, l'architecte de ce monde dont chaque pièce n'étonne pas seulement notre intelligence, mais la confond, l'anéantit. O qui pourrait dire ce qu'est Dieu! Qui saurait le faire comprendre! Dieu! un mot, un faible mot, pour exprimer quoi? ce qui ne peut pas même devenir une idée! De l'adoration, de l'amour, voila donc tout ce que nous pouvons. Hélas! nous sommes si petits et Dieu si grand, il est Dieu!

LE SOLEIL.

11. L'une de ces étoiles fut placée au centre de notre monde planétaire, pour l'échauffer et l'éclairer, c'est le soleil, ce roi bienfaisant de notre globe. Il

nous paraît être de forme à peu près ronde, les taches qui couvrent son disque lumineux ont fait connaître, par leur déplacement et leur retour périodique, qu'il exécutait sur lui-même un mouvement de rotation en 25 diurnées et demie (7). Outre ce mouvement, il semble en avoir un autre d'occident en orient, puisqu'il ne se lève et ne se couche pas toujours avec les mêmes étoiles; ce mouvement est très-faible. Le soleil est le foyer d'une lumière et d'une chaleur dont nous ne pouvons donner une idée par aucune comparaison des choses connues. Les mathématiques ont fourni les moyens de mesurer son diamètre, que l'on a calculé de 319 mille lieues, ce qui le suppose 110 fois plus long que celui de la terre, et fait présumer sa grosseur 1,330 mille fois supérieure à celle de cette planète. Il est petit à nos yeux par la distance immense qui le sépare de nous; distance calculée à 34 millions de lieues. Sa lumière, d'après des calculs que l'on a tout lieu de croire exacts, nous arrive en huit minutes, treize secondes. C'est le soleil qui fournit la lumière et la chaleur à tous les corps errans dans les cieux.

Le soleil est fixe, représenté par un rat de cave allumé, enveloppé d'un cylindre, coupé pour laisser passer un seul rayon. Pour donner une idée de son mouvement propre, on peut faire avancer quelque peu les étoiles, ce qui produira le même effet.

DES COMÈTES.

12. Les corps célestes qui paraissent éprouver davantage les influences du soleil, sont les comètes, vastes points gravitant dans tous les sens au milieu de la vaste étendue des cieux, dont la marche irrégulière,

quelquefois contraire à celle du système général, n'a pu être calculée, bien que sans doute elle soit assujettie à des règles. Tantôt elles s'approchent extrêmement du soleil, c'est leur périhélie ; tantôt elles s'en éloignent à des distances considérables, c'est leur aphélie. Quelques-unes arrivées à leur périhélie éprouvent une chaleur dont nous ne saurions concevoir l'intensité. On croit que cette chaleur les vaporise au point qu'elles deviennent diaphanes, et que l'on peut voir les étoiles au travers; mais ce ne sont que des conjectures ayant besoin de l'appui de l'expérience. Cependant il est hors de doute que l'on aperçoit les étoiles à travers la chevelure qui accompagne la plupart des comètes, chevelure que l'on suppose composée de la matière même des comètes, vaporisée par la chaleur du soleil, et qu'elles entraînent dans leur mouvement rapide. On peut toutefois connaître en quelque sorte le retour de quelques-unes, mais il en est d'autres, et c'est la plus grande partie, qui décrivent des courbes qui ne rentrent pas sur elles-mêmes, et qui paraissent par conséquent pouvoir ne jamais reparaître à nos yeux. Elles tournent toutes autour du soleil qui leur donne et chaleur et lumière.

DES PLANÈTES.

13. Ces corps errans diffèrent des comètes, en ce que leur marche est régulière, soumise à des lois fixes et connues. Les planètes décrivent autour du soleil des courbes qui n'ont point la figure de cercles parfaits, mais de cercles allongés, courbes nommées ellipses. Cette courbe ou route des planètes prend le nom

d'orbite ; l'orbite seule de la terre a reçu le nom d'écliptique, parce que les éclipses ne peuvent avoir lieu pour cet astre, que dans le cas où les corps intermédiaires se trouvent sur cette ligne. Les deux axes des ellipses sont inégaux, et le soleil n'occupe point le centre, mais le foyer, à une distance calculée du centre.

Il n'est pas besoin d'avertir que ces courbes, ces ellipses, ce foyer, n'ont point de réalité dans les cieux, mais l'homme ne pouvant les représenter sans les rendre sensibles, a imaginé toutes les descriptions et images physiques.

Tout ce que nous venons de dire est intuitif dans l'intérieur de la sphère. La terre, au milieu de deux autres planètes, parcourt son orbite ou l'écliptique, à une distance calculée du soleil placé au foyer moyen des trois ellipses.

NOMBRE DES PLANÈTES, LEURS NOMS ET MOUVEMENS.

14. Les planètes que l'homme a reconnues jusqu'à ce jour sont au nombre d'onze. Six de ces astres, la terre comprise, sont connus de toute antiquité, cinq sont découverts depuis un petit nombre d'années. Les planètes connues étaient : la Terre, Mercure, Vénus, Mars, Jupiter et Saturne ; les autres, Uranus, Cérès, Pallas, Junon et Vesta, furent découvertes : Uranus par Herschell, en 1781, Cérès par Piazzi, en 1801, Pallas par Olbers, en 1802, Junon par Harding, en 1803, enfin Vesta par Olbers, en 1807.

Toutes ces planètes ont un mouvement de rotation sur elles-mêmes, reconnu par le déplacement et le re—

tour des points visibles sur leur surface; l'autre, de révolution ou circuit autour du soleil, assuré par la différence de leur éloignement en différens temps. Ces deux mouvemens s'exécutent d'occident en orient et produit pour toutes : le premier, une diurnée, le second, une année, proportionnées à leur grosseur, vîtesse de rotation, éloignement du soleil. Comme c'est d'après la terre, pour nous la principale des planètes, que nous calculons le jour, la nuit, la diurnée et le temps de révolution de chacune d'elles, nous nous occuperons plus spécialement de la terre, qui nous est bien connue, et ce que nous en dirons pourra presque toujours s'appliquer aux autres planètes.

La terre est placée au milieu de deux autres planètes; elles tournent toutes sur elles-mêmes et autour du soleil.

CERCLES ÉCRITS SUR LA SPHÈRE.

15. Pour chaque point du globe, il est successivement jour et nuit, et cette alternative, qui dure vingt-quatre heures, commence à chaque minute, à chaque seconde, pour deux points opposés sur le globe, la nuit pour l'un d'eux et le jour pour l'autre. Afin de déterminer cette succession, cette alternative, on a partagé la terre en vingt-quatre parties, par vingt-quatre cercles tracés sur la sphère, qui la coupent dans un sens opposé au lever et au coucher des astres. Chaque espace d'un cercle à l'autre, désigne une heure de différence pour le commencement du jour et de la nuit, différence en retard à l'occident, en avance à l'orient. Mais il n'est pas possible, puis-

que ces deux points sont toujours relatifs au lieu où l'on se trouve (4), de fixer un cercle qui soit le premier pour arriver au dernier. Il faut donc dire : celui-ci est le premier , pour déterminer le second , aussi chaque observateur prend-il pour premier cercle horaire , celui du lieu de ses observations. Ces cercles portent aussi le nom de méridiens , parce que c'est le cercle que le soleil décrit à midi sur la terre , que l'on reconnaît plus spécialement. Ce cercle coupe toujours la sphère en deux moitiés ou hémisphères , l'un à l'orient, c'est l'hémisphère oriental , l'autre à l'occident, c'est l'hémisphère occidental. Mais ce cercle , bien qu'il coupe la terre en deux parties égales , ne veut point dire cependant que le jour et la nuit soient toujours exactement de la même longueur.

16. Ce qui existerait sans aucun doute, si la terre était perpendiculaire à l'écliptique , c'est-à-dire si ses pôles formaient une ligne horizontale par rapport à l'orbite ; mais ils présentent une ligne inclinée. Les pôles conservant néanmoins toujours la même position par rapport à l'espace absolu (10) , il suit que cette position varie sans cesse à l'égard du soleil , bien que cette variation ne dépasse jamais certaines limites. Ce changement ne peut s'opérer , c'est-à-dire l'axe ne peut tourner tantôt un de ses pôles vers le soleil , tantôt l'autre , sans en éloigner chacun d'eux tour-à-tour. Autrement le soleil ne peut pénétrer au-delà du milieu de la terre , sans priver l'un des pôles de ses rayons lumineux qui dépassent alors le pôle opposé , et plus il avance près de l'un d'eux , plus les terres qui avoisinent l'autre , doivent se trouver dans une obscurité complète. Or , la terre décrivant une courbe ,

nécessairement c'est tantôt l'un, tantôt l'autre pôle qui est privé de lumière ou éclairé. Pour marquer les points terminateurs de la lumière, on a figuré des cercles que l'on nomme polaires, qui sont à égale distance des pôles. De même, le soleil, dépassant le milieu de la terre et s'avançant graduellement près de chaque pôle, et cette gradation ayant un point d'arrêt déterminé, l'on a fixé ces points par deux cercles que l'on nomme de retour ou tropiques. Ces deux cercles doivent être à la même distance du milieu de la terre que les cercles polaires des pôles; en effet il y a vingt-trois degrés et demi pour chaque distance. Mais en allant d'un tropique à l'autre, le soleil arrive au milieu de la terre, qu'il éclaire alors tout entière d'un pôle à l'autre; ce point est déterminé par un cercle que l'on nomme équateur ou ligne équinoxiale, ligne qui égale le jour à la nuit pour tous les lieux de la terre. Ce cercle coupe la terre, ou la sphère son image, en deux hémisphères, l'un prenant le nom d'hémisphère arctique, l'autre d'hémisphère antarctique. Les cercles polaires et les tropiques doivent être parallèles à l'équateur.

Les cercles divers sont tracés sur les trois sphères; dans la sphère céleste ils désignent l'endroit du ciel qui sert d'horizon ou borne la vue de l'habitant de tel ou tel point du globe. Pour faire décrire ces cercles par le soleil, on forme le rayon lumineux, on fait parcourir à la terre toute son orbite, et l'on voit les cercles se dessiner naturellement. On peut aussi en même temps montrer que l'étoile polaire reste perpendiculaire au pôle terrestre; il ne s'agit que de faire tourner la sphère céleste de manière que l'étoile polaire suive le mouvement de la terre sur son ellipse.

JOUR ; SA DURÉE.

17. Puisque le soleil se jette successivement dans l'un et l'autre hémisphère, le pôle arctique et le pôle antarctique doivent aussi successivement être éclairés ou demeurer obscurs, et non-seulement les pôles, mais toute la partie de la terre comprise entre les pôles et les cercles polaires, le soleil s'avançant jusqu'aux tropiques de l'un et l'autre côté de l'équateur. Or, le soleil, parti de l'équateur, vient à l'un des tropiques, repasse l'équateur, court à l'autre tropique et revient à l'équateur dans une année ; par conséquent chaque pôle reste six mois dans l'obscurité. Le premier jour que le soleil a dépassé l'équateur, il n'y a d'obscur que le pôle, le lendemain le cercle d'obscurité s'est avancé plus près du cercle polaire, et il s'avance successivement chaque jour, pendant trois mois, jusqu'à ce qu'enfin la partie au-delà du cercle polaire ne jouisse pas du tout de sa lumière. Mais le lendemain de son arrivée à l'un des tropiques, il se rapproche de l'équateur, par conséquent se montre de nouveau au cercle polaire de l'hémisphère opposé ; ainsi, pour les habitans des régions sous ce cercle, la nuit n'est que de vingt-quatre heures. Après ce laps de temps ils revoient le soleil, mais non douze heures, puisqu'il est au tropique opposé et qu'il doit être à l'équateur pour décrire un arc de douze heures. Cet arc est donc très petit et les jours par conséquent très courts, puis s'allongeant à chaque diurnée, ils finissent par être de douze heures. Dépassant alors l'équateur, le soleil s'approche du tropique de l'hémisphère

dans lequel il vient d'entrer , il décrit des arcs plus grands encore que ceux de douze heures , et les jours en deviennent de plus en plus longs. Pour le pôle, du moment qu'il a revu le soleil ; il le voit continuellement tant qu'il demeure dans l'hémisphère. Ainsi , le jour pour lui est de six mois , et pour la partie qui s'étend jusqu'au cercle polaire, successivement d'une partie de six mois. Cette variation se fait nécessairement sentir aussi en deçà du cercle polaire, car le point qui le touche voit aussi le soleil , peu de temps d'abord , puis décrire un cercle immense plus tard. Aussi les jours croissent-ils et décroissent-ils régulièrement dans chaque hémisphère , d'une partie de vingt-quatre heures, pour les terres comprises entre les cercles polaires et tropiques. Au-delà de ces derniers cercles , cette variation doit encore se faire sentir ; mais d'une manière peu sensible , ce qui a fait dire qu'entre les tropiques les jours étaient constamment de douze heures.

Il est très aisé de rendre intuitive cette marche du soleil sur la terre, ou plutôt ces aspects divers de la terre par rapport au soleil, en faisant parcourir à celle-ci son orbite ; on verra la lumière dépasser les pôles, puis se retirer jusqu'aux cercles polaires.

DES SAISONS.

18. Cette marche du soleil, ou plutôt cette marche de la terre , a donné lieu à ces variations périodiques que nous nommons saisons. La chaleur nous venant du soleil , nécessairement plus il inonde une partie de la terre plus il l'échauffe, tandis qu'elle se refroidit lorsque ses rayons glissent obliquement sur sa surface. Mais cette chaleur n'arrive et ne s'é-

vapore que peu à peu ; de là quatre changemens suc-
cessifs. Lorsque le soleil arrive à l'équateur pour entrer dans notre hémisphère, nous avons le printemps,
ou commencement de la chaleur ; lorsqu'il s'est avancé
jusqu'à notre tropique, le printemps finit ; il retourne
à l'équateur, l'été commence ; il y arrive, l'été finit ;
il passe dans l'hémisphère antarctique ou opposé, nous
avons le commencement de l'automne ; il arrive au
tropique, notre automne finit pour faire place à l'hiver, qui dure tout le temps que le soleil met à revenir
à l'équateur, puis la saison des fleurs se renouvelle, et
ainsi successivement, jusqu'à ce que Dieu dise à la
terre de s'arrêter. On conçoit très bien que les deux
hémisphères ont les saisons dans un temps absolument
contraire.

ZONES, CLIMATS ET POSITIONS DE LA SPHÈRE.

19. Ainsi les saisons ne deviennent bien sensibles
que pour les points de la terre situés au-delà des tropiques, car les habitans du milieu de la terre sont
toujours inondés des feux du soleil, ce qui a fait donner à cette partie de la terre le nom de zone brûlée,
tandis que les régions situées des tropiques aux cercles
polaires, sont dites zones tempérées, et des cercles
polaires aux pôles, zones glacées. Cette ardeur cependant ne se fait pas sentir avec la même intensité dans
toute la zone brûlée, il n'y a guère que les pays voisins de l'équateur qui ressentent une chaleur insup-
portable. En s'éloignant de ce milieu brûlé, la chaleur
devient moins ardente dans les temps de l'année où le
soleil n'est pas perpendiculaire à tel ou tel hémisphère ;

et ces variations étendent leur différence presque de l'équateur aux pôles, où elles sont à peu près nulles, ce qui avait porté les anciens géographes à diviser chaque hémisphère en trente parties, vingt-quatre de l'équateur au cercle polaire, qu'ils nommaient climats de demi-heure, et six autres parties du cercle polaire au pôle, nommés climats de mois. Ces dénominations avaient été prises, comme on le voit, dans l'augmentation successive des jours, mais les variations ne sont pas assez sensibles entre les tropiques, et trop sensibles au-delà du cercle polaire.

En effet, sauf quelques variations légères, les habitans des pays voisins de l'équateur voient les astres se lever droit devant eux, et l'ombre peu sensible est le matin au couchant, le soir au levant, sans intermédiaire, le jour que le soleil domine perpendiculairement leur tête; mais lorsque le soleil a marché à droite ou à gauche, l'ombre passe au sud ou au nord; elle est par conséquent de chaque côté des objets, ce qui a fait nommer ces peuples, amphisciens; c'est-à-dire ayant l'ombre alternativement de deux côtés. Mais les habitans des régions qui s'étendent des tropiques aux pôles, ne voient plus les astres décrire des lignes droites ou perpendiculaires à l'horizon, mais bien des lignes plus ou moins obliques, suivant que l'on s'approche ou s'éloigne davantage du pôle. L'ombre, pour eux, ne peut se faire voir alternativement de tous côtés, elle ne décrit que trois quarts de cercle, ne se montrant jamais du côté du midi; on dit que ces peuples ont la sphère oblique et sont perisciens par rapport à l'ombre; c'est-à-dire qu'elle tourne autour d'eux, à un seul quart près, il en est ainsi même pour les deux pôles, qui voient les astres décrire des lignes parallèles à l'horizon, et qui out, par conséquent, la sphère parallèle.

On peut laisser voir tous ces effets d'ombre en plantant une épingle à l'équateur, au-dedans des tropiques, au-delà de ces cercles et enfin aux pôles, en même temps on sera assuré des lignes perpendiculaires, obliques et parallèles à l'horizon que décrivent les astres.

LONGUEUR DIFFÉRENTE DES SAISONS.

20. **Comme** c'est l'équinoxe, ou le soleil décrivant l'équateur, qui donne naissance aux deux saisons chaudes et aux deux saisons froides, et que l'équinoxe n'arrive qu'après la moitié de l'ellipse (13) parcourue par la terre, il en résulte tout naturellement que la longueur des saisons doit être un peu différente, car les deux moitiés de l'ellipse ne sont pas égales, le soleil se trouvant au foyer et non au centre de l'ellipse. L'équinoxe n'ayant lieu que dans le cas ou la terre se trouve à l'une des extrémités du plus court diamètre qui traverse le foyer, nous avons, pendant qu'elle court chercher l'extrémité opposée par la plus grande moitié de l'ellipse, le printemps et l'été, qui se trouvent par conséquent un peu plus longs que notre automne et notre hiver, bien qu'on les dise égaux. Le contraire a nécessairement lieu dans l'hémisphère opposé. Il suit de là aussi que tout naturellement la terre est plus éloignée du soleil pendant l'été que pendant l'hiver, mais dans la première saison nous recevons ses rayons presque perpendiculairement, pendant la dernière ils glissent obliquement sur notre hémisphère.

Il est aisé, à la vue simple, de s'assurer que les deux moitiés du diamètre de l'ellipse ne sont pas égales, à partir du foyer comme point d'intersection.

ZODIAQUE ET SIGNES.

21. Nous fixons le commencement et la fin de chaque saison par l'étoile sous l'aspect de laquelle le soleil nous paraît alors, car la terre en tournant autour du soleil, voit cet astre décrire un cercle dans le ciel; ce cercle contient des étoiles qui sont rangées en groupes et déterminées par des figures nommées signes. Ces signes occupent une place assez étendue autour de ce cercle, c'est la bande que l'on nomme zodiaque, ou bande contenant des animaux. Le zodiaque renferme douze signes, un pour chaque mois de l'année; voici leurs noms et leur ordre: le Bélier, le Taureau, les Gémeaux, qui répondent aux trois mois du printemps; le Cancer, le Lion, la Vierge, que le soleil parcourt pendant l'été; la Balance, le Scorpion, le Sagittaire, pendant l'automne; enfin, le Capricorne, le Verseau et les Poissons pendant l'hiver. L'année a terminé sa durée et la terre sa révolution lorsque celle-ci voit le soleil répondre à la même étoile que l'année d'auparavant.

DIFFÉRENCE DES ANNÉES.

22. Cet effet devrait toujours se reproduire, lorsque le soleil est revenu d'un tropique à l'autre, et cependant il y a une légère différence, la terre rétrogradant d'une manière insensible sur son orbite. L'année équinoxiale, ou le retour du soleil à l'équateur, n'est que de 365 diurnées, 5 heures, 48 minutes et 48 secondes,

tandis que l'année sidérale, ou celle qui ramène la terre en conjonction avec le soleil et la même étoile, est de 365 diurnées, 6 heures, 9 minutes et 12 secondes. Cette différence est ce que l'on nomme précession des équinoxes. La première de ces deux années est celle dont on fait usage dans la vie civile, la seconde ou l'année sidérale apporte une différence entre les signes et les constellations.

RÉTROGRADATION DES FIXES.

23. Le signe marche avec le soleil et avance comme lui, abandonnant successivement telle ou telle étoile, et s'emparant de celles qui la précèdent ; la constellation au contraire, composée d'un nombre d'étoiles fixe et déterminé ne peut changer et par conséquent semble rétrograder. Cette rétrogradation des fixes est d'environ 50 secondes par an, d'un degré en 72 ans et de tout un signe en trente fois 72 ans puisque le signe contient trente degrés. Mais c'est réellement la terre qui rétrograde sur son orbite d'un degré en 72 ans, et qui aura parcouru l'écliptique à reculons en 26 mille ans. Aujourd'hui quand nous disons qu'au printemps le soleil répond au signe du bélier, nous ne parlons pas de la constellation, car le printemps répond vraiment au premier degré de la constellation des poissons et cette différence augmentera chaque année.

Il est aisé de mettre sous les yeux tout ce que nous venons de dire, en faisant rétrograder la terre sur l'ellipse.

DIURNÉE SOLAIRE ET SIDÉRALE.

24. Une différence existe aussi pour la diurnée, mais dans un sens contraire, et tient à une autre cause. La diurnée sidérale n'est que de 23 heures 56 minutes et 4 secondes; c'est le temps que met un point de l'équateur à revenir en conjonction avec l'étoile de la veille, mais la terre s'étant avancée d'environ un degré sur son orbite, et la route du soleil sur la terre étant une courbe, il en résulte que le point déja en conjonction avec l'étoile, n'est pas encore vis-à-vis le soleil, puisque la ligne droite qui fixait hier la conjonction de celui-ci n'est plus la même; dès-lors ce point n'est pas encore revenu sous la ligne droite que décrit le soleil à la même heure qu'hier, il n'y revient qu'en 24 heures. C'est là diurnée solaire ou diurnée ordinaire. Dans l'espace d'une année, le soleil passe une fois de moins que l'étoile au méridien du lieu précité.

Ceci peut aisément se présenter à l'œil; fixez une épingle sur un lieu quel qu'il soit, faites tourner la terre sur elle-même, en même temps que vous l'avancerez quelque peu sur son orbite, et vous vous assurerez que la conjonction du soleil et celle de l'étoile n'ont pas lieu en même temps.

GROSSEUR DES AUTRES PLANÈTES; DISTANCES DU SOLEIL.

25. Tout ce que nous venons de parcourir en détail, pour la terre, peut être dit, à quelques légères différences près, des autres planètes, différences causées par leur grosseur, leur distance du soleil, et leurs mouvemens plus ou moins rapides. Les unes sont plus pe-

tites, les autres plus grosses que la nôtre; Mercure en est la dixième partie, Vénus les neuf dixièmes, Mars le cinquième; quant à Vesta, Junon, Cérès et Pallas, elles sont si petites que l'on n'a pu en déterminer encore les dimensions; on les nomme télescopiques, parce qu'elles ne sont perceptibles qu'avec de fortes lunettes. Jupiter est 1,170 fois plus gros que la terre, Saturne 887 fois, et Uranus environ 78 fois. Les unes sont plus rapprochées, les autres plus éloignées du soleil que la terre; voici à peu près leur distance du soleil, le diamètre de la terre ayant servi de comparaison pour les mesures, on compte pour

Mercure.	13	millions de lieues.
Vénus.	25	
La Terre (11) .	34	(Pour mémoire.)
Mars	52	
Vesta	80	
Junon.	90	
Cérès	95	
Pallas	96	
Jupiter.	178	
Saturne	327	
Uranus	659	

Toutes se meuvent dans la vaste étendue des cieux sans se rencontrer jamais, ni sans pouvoir le faire, comme il est possible de s'en assurer par les distances calculées.

FORME DES PLANÈTES.

26. Des observations réitérées ont à peu près prouvé, ou du moins laissé présumer que toutes ces

planètes ainsi que la terre (6) étaient renflées vers
le milieu de leur surface, aplaties vers leurs pôles.
Cet aplatissement est conjecturé d'autant plus fort
que le mouvement de rotation est plus rapide. On attribue cette forme à la force centrifuge qui force la
région voisine de l'équateur à s'écarter du centre,
tandis que près des régions polaires, la force centripète ramène les molécules vers le centre ; ce qui semble
vouloir dire que l'on a inventé des mots pour déterminer des effets dont la cause est inconnue. Car on
est obligé de supposer que les planètes furent autrefois
à l'état de liquidité, pour faire comprendre que les
molécules se sont jetées vers le centre, supposition
tout-à-fait gratuite. Cependant ces forces contraires
centrifuge et centripète, expliquent assez bien la pesanteur des corps, plus grande aux pôles, moindre à
l'équateur.

DIURNÉE, ANNÉE DE CES PLANÈTES.

27. Nous avons vu (14) que chacune de ces planètes
avait le mouvement de rotation sur elle-même et par
conséquent une diurnée, ou le jour et la nuit suc-
cessifs, puis le mouvement de translation autour du
soleil et par conséquent une année. La longueur de la
diurnée dépend nécessairement de la vitesse de rotation pour chacune d'elles. La diurnée de Mercure,
Vénus et Mars est à peu près la même que celle
de la terre, celle de Jupiter et Saturne est de 10 heures,
et celle d'Uranus encore inconnue. Celle des planètes
télescopiques n'est pas déterminée. Leur révolution ou
année suit à peu près pour sa longueur la distance au
soleil.

L'année de Mercure est de . . . «   88 diurnées.
Celle de Vénus de. . . .   «   224   id.
         Mars . . . . .   «   321   id.
         Vesta. . . . .   3 ans, 240   id.
         Junon . . . . .   4 id.   131   id.
         Cérès et Pallas.   4 id.   220 à 221 id.
         Jupiter. . . . .   11 id.   315   id.
         Saturne . . . .   29 id.   164   id.
         Uranus . . . .   38 id.   52   id.

Toutes ces planètes, nous le savons (13), décrivent des ellipses autour du soleil, mais ces ellipses ne sont pas toutes dans le même plan, autrement il y aurait grand nombre d'ellipses pour chaque planète dans un an, leurs ellipses sont inclinées les unes par rapport aux autres, peu cependant, mais assez pour éviter les éclipses fréquentes au moins pour la terre, éclipses qui n'ont et ne peuvent avoir lieu qu'aux endroits où chaque ellipse rencontre le plan de l'écliptique, endroits nommés nœuds. Cette inclinaison des ellipses, à l'exception toutefois de celle des planètes télescopiques, est telle que tous ces corps opèrent leur révolution dans un espace du ciel qui n'excède pas huit degrés de chaque côté de l'écliptique, c'est le zodiaque avec toutes ses figures.

On peut rendre intuitif tout ce que nous venons de dire, en faisant opérer aux deux planètes qui avoisinent la terre, d'abord le mouvement de rotation sur elles-mêmes, puis celui de révolution autour du soleil, en inclinant quelque peu leur orbite; l'existence des nœuds est assez visible: ce sont les points qui soutiennent les courbes.

SATELLITES.

28. Si les planètes sont éclipsées beaucoup plus souvent elles le doivent à leurs satellites, corps qui tournent

autour d'elles, d'occident en orient, de même que ces dernières autour du soleil (8). On ne connaît jusqu'ici que quatre planètes accompagnées de satellites, Jupiter, Saturne, Uranus et la Terre. Jupiter a quatre satellites que l'on ne peut distinguer à la vue simple, ils ont un mouvement de rotation égal à celui de leur révolution, marche commune à tous les satellites connus. La révolution du satellite le plus voisin de la planète, se fait en 42 heures, celle du plus éloigné en 400. Ainsi, la planète et les satellites doivent souvent s'intercepter mutuellement les rayons du soleil. Saturne a sept satellites qui paraissent très-rapprochés de lui, il est en outre entouré d'un anneau qui l'enveloppe comme une écharpe, anneau opaque ainsi que la planète, puisqu'il la couvre d'une ceinture d'ombre très sensible. Cet anneau tourne autour de Saturne en un peu plus de 10 heures. L'éloignement de cette planète a toujours empêché de préciser les mouvemens de ses satellites. Il en est de même pour Uranus, l'existence de ses satellites est peu et mal connue; perceptibles seulement avec de forts télescopes, on ne peut déterminer leur marche.

SATELLITE DE LA TERRE : LA LUNE.

29. Celui de tous les satellites qui nous intéresse davantage et que nous connaissons le mieux c'est la lune, satellite de la terre, qui décrit une ellipse autour d'elle. Ce satellite est éloigné de nous de 86,000 lieues, prenant le terme moyen; car décrivant une ellipse on conçoit qu'il doit avoir un périgée, ou moment plus rapproché de la terre, et un apogée ou mo-

ment plus éloigné de la planète. Il est quarante-neuf fois plus petit que la terre, son diamètre comparé n'étant qu'un peu plus du quart de celui de cette planète, il reçoit sa lumière du soleil et nous la renvoie considérablement affaiblie, la terre de son côté lui envoie la lumière du soleil, mais nous ne pouvons l'apercevoir alors, il présente toujours la même face à la terre, parce que son mouvement de rotation est égal à celui de sa révolution, qui s'opère en 27 diurnées, 17 heures. On lui reconnaît un léger mouvement propre, que l'on nomme libration.

Tout ceci est intuitif dans l'intérieur de la sphère ; on attache la lune à l'ellipse qui enveloppe cette dernière et on lui fait opérer ses mouvemens de rotation et révolution.

PHASES DE LA LUNE.

Exécutant son mouvement de révolution, la lune présente à la terre sa partie éclairée sous des aspects bien divers, que l'on nomme phases ; lorsque la lune se trouve entre la terre et le soleil, sa moitié obscure est tournée vers la terre, c'est la conjonction, vulgairement nouvelle lune. Deux jours après, s'avançant toujours sur son orbite, et tournant en même temps sur elle-même, la lune laisse voir sous son disque une petite partie de la moitié éclairée. Cette portion éclairée grandit chaque jour, de sorte qu'au septième après la conjonction, la moitié de la partie éclairée est tournée vers la terre, c'est le premier quartier. Dans le même laps de temps, elle s'avance de manière à montrer toute la partie qui est dans la lumière, c'est-à-dire la moitié, c'est l'opposition ou pleine lune, la

terre se trouvant entre le soleil et son satellite. A partir de l'opposition, la lune cache successivement sa
partie illuminée de la même manière que dans la première moitié de sa révolution, avec les mêmes circonstances, mais dans un sens inverse, c'est le dessous du
disque qui se cache le premier, et sept jours après
l'opposition, on ne voit plus qu'un quart éclairé, que
l'on nomme dernier quartier ; de sorte que les cornes
du croissant sont tournées vers l'occident, tandis que
dans la première partie des phases elles regardaient
l'orient. Cette expression croissant convenait donc à la
première moitié de la révolution, parce qu'elle grossis-
sait de plus en plus, tandis que plus tard, s'amin-
cissant successivement, on devrait la nommer décrois-
sant. En suivant attentivement la marche de la lune
autour de la terre, on verra qu'elle doit retarder chaque jour sur le soleil. Si dans la pleine lune elle se
lève lorsque le soleil se couche, le lendemain elle
sera en retard de dix degrés à peu près ; elle ne doit
donc paraître qu'après le coucher de cet astre et toujours de plus tard en plus tard.

Il est aisé de rendre tout ceci intuitif, en faisant parcourir à la
lune toute son orbite ; on peut même rendre sensibles jusqu'aux oc-
tans, ou huitièmes parties de la lune, par conséquent quarts de la
partie éclairée.

ÉCLIPSES DE LUNE ET DE SOLEIL.

31. Il est bien aisé de concevoir que la lune tournant autour de la terre, doit souvent avoir les rayons
du soleil interceptés par cette dernière, et lui cacher
souvent cet astre à son tour. Si l'orbite de la lune était

dans le plan de l'écliptique, lors de la conjonction ce satellite nous cacherait toujours le soleil, et lors de l'opposition il se trouverait dans l'ombre de la terre ; ainsi chaque révolution de la lune nous donnerait une éclipse de soleil, et nous lui procurerions une éclipse de cet astre, mais l'orbite de la lune est inclinée d'à peu près six degrés par rapport à l'écliptique. Ce satellite se trouve donc tantôt au-dessus, tantôt au-dessous de la terre, et la lumière du soleil peut arriver à la lune et à notre planète en même temps. Les éclipses ne peuvent avoir lieu que dans le cas où la lune, lors de la conjonction ou l'opposition, se rencontre sur les nœuds (27). Ce qui arrive assez souvent, parce que la lune en parcourant son ellipse coupe souvent l'écliptique, et peut ainsi tomber en même temps que le soleil sur cette courbe. Ces cas divers ont été calculés, ou plutôt on a calculé le temps que la lune met à revenir sous le même aspect par rapport au soleil et à la terre, on l'a trouvé de 18 ans, 10 diurnées. Cette situation entièrement pareille donnant lieu aux mêmes phénomènes, offre le moyen de prédire les éclipses de lune et de soleil d'une manière certaine. Il reste bien entendu que les mouvemens propres à chacun de ces astres apportent quelques variations ; mais les éclipses, d'après toutes ces considérations, ont néanmoins lieu dans le temps annoncé ; elles sont totales ou partielles, soit pour la lune soit pour le soleil : totales pour la lune, lorsqu'elle entre tout entière dans l'ombre de la terre, ombre trois fois aussi large que le disque de ce satellite ; partielles, si la lune n'entre qu'en partie dans le cône d'ombre causé par la terre ; de même le soleil caché entièrement par la lune offre l'éclipse totale, et partielle lorsqu'il ne l'est qu'en partie. Mais l'éclipse de soleil ne peut être totale que dans le cas où la lune se trouve au périgée (29), tandis que la terre est à son aphélie (12). Le soleil plus éloigné paraît plus petit, la lune plus grosse étant plus rapprochée, et dans ce cas elle peut cacher entièrement le disque du soleil, mais il est rigoureux que ces astres soient bien situés sur la même ligne. Autrement il n'y aurait qu'éclipse partielle, et même si la lune était à son apogée (29) et la terre à son périhélie (12), bien que tous ces astres fussent exactement sur la même ligne, il n'y aurait pas éclipse totale, mais annulaire, c'est-à-dire que le soleil étant plus gros par son rapprochement, la lune plus petite par son éloignement, les rayons du premier ne pourraient être interceptés entièrement, sa lumière déborderait autour de la lune, formant un anneau lumineux. Mais si les astres qui concourent à l'éclipse ne sont pas exactement sur la même ligne, comme nous venons de le dire, il n'y a qu'une portion du disque solaire cachée par la lune, c'est l'éclipse partielle.

Ces différentes éclipses peuvent être rendues sensibles, intuitives, à l'exception de l'éclipse totale du soleil, la distance du soleil à la terre, et celle de la lune à la terre, n'ayant pu être rendues assez grandes, mais ou peut prendre la terre et son satellite et les éloigner du soleil à distance convenable.

Tels sont les phénomènes divers causés par le soleil et la lune et visibles pour la terre ; mais ces deux astres ont encore une influence bien plus généreuse sur notre planète, comme nous allons le voir dans la géographie physique.

GÉOGRAPHIE PHYSIQUE.

32. La géographie physique décrit la terre en elle-même, sans aucun rapport à d'autres corps (1). On nomme terre la planète qui nous sert de demeure, on nomme aussi terres au pluriel et même souvent terre au singulier, la partie solide de la planète, opposée à la partie liquide. La terre en général est un composé de fluides impondérables, d'air, d'eau et de couches pierreuses et terreuses qui constituent la matière terraquée. La réunion des fluides impondérables, c'est-à-dire qui n'ont point de pesanteur sensible, constitue l'atmosphère ou sphère de vapeurs, qui enveloppe la partie solide et liquide, dont la plus grande partie cependant est l'air fluide, pondérable et soumis à la décomposition. Les fluides impondérables reconnus par leurs effets seulement, sont la lumière, la chaleur, le fluide électrique et le fluide magnétique.

LUMIÈRE ET CHALEUR.

33. La lumière est un fluide qui nous enveloppe, se trouve partout et manifeste sa présence par le contact de différens corps, surtout par celui du feu, avec lequel elle a les plus grands rapports. Elle réside dans l'air, son véhicule, augmente ou diminue d'intensité, suivant qu'elle est plus ou moins excitée. Le fluide calorique ou la chaleur, est encore un fluide impondérable, nécessaire à l'existence de tous les corps, qui, mis en mouvement surtout par l'action du feu ou par les rayons solaires, augmente ou diminue de densité, suivant que ces causes augmentent ou diminuent,

ce qui constitue la température, lorsqu'elle a le soleil pour cause, haute lorsque la chaleur est forte, basse lorsque la chaleur est peu ou point sensible. Ainsi que la lumière, la chaleur réside dans l'air, qui est aussi son véhicule, ou peut-être la lumière et la chaleur ne sont-elles que l'air qui s'échauffe ou devient lumineux, et ces deux fluides n'ont-ils point d'existence propre; ce qui paraît venir à l'appui de cette conjecture, c'est que ni l'un ni l'autre ne peuvent exister sans le contact immédiat de l'air, aussi sont-ils omis dans les fluides par plusieurs physiciens.

FLUIDE ÉLECTRIQUE.

34. Mais on ne peut contester l'existence du fluide électrique, fluide non moins indécomposable que les premiers, et connu, comme eux, seulement par ses effets. Le plus étonnant, c'est la foudre; résultat d'une explosion électrique qui prouve la surabondance de ce fluide dans un corps, d'où il s'échappe pour passer en partie dans un autre, parce qu'il tend à se mettre en équilibre. D'où il suit que l'étincelle électrique ou la foudre tombe quelquefois des nuages sur la terre moins électrisée, ou bien s'échappe de la terre pour passer dans les nuages, et le plus souvent court des uns aux autres de ces derniers. L'éclair est l'étincelle électrique, le tonnerre n'est que le bruit causé par les nuages se rapprochant pour combler le vide que fait l'électricité en s'échappant.

On attribue encore à l'électricité, sans en être bien certain, ces globes de feu qui s'engendrent dans l'atmosphère, se meuvent quelquefois avec une rapidité extraordinaire , poussent des détonations dans leur marche et laissent échapper des pierres nommées aëro-lithes , dont la substance et la composition sont étran-gères à tout ce qui est connu sur le globe. On ne peut contester le rôle du fluide électrique dans la formation des météores aqueux , l'existence de la pluie , la grêle, et mille autres où il agit de concert avec les autres fluides , surtout le fluide magnétique.

FLUIDE MAGNÉTIQUE.

35. Le fluide magnétique , entre quelques effets con-nus , se distingue surtout par la propriété de l'aimant. Une aiguille d'acier aimanté , posée sur un pivot non magnétique ou non aimanté, et pouvant jouer librement, tourne toujours ses pointes vers les deux pôles. Cette aiguille , placée dans une boîte , sert aux navigateurs , sous le nom de boussole, à se diriger dans leur route. J'ai dit presque toujours , car il y a des variations con-tinuelles et plus grandes sur certains points du globe en divers temps , et même direction nulle en certains lieux. La série de ces points forme les méridiens (15) magnétiques , souvent contraires aux méridiens géo-graphiques ; on a reconnu quelques-uns de ces lieux.

Un second phénomène , non moins surprenant , c'est que l'aiguille incline vers la terre celle de ses pointes la plus rapprochée du pôle et l'incline d'autan plus que l'on s'en approche davantage ; ce qui rend probable cette assertion , que l'aiguille serait verti-cale s'il était possible d'arriver aux pôles. En certains points du globe l'aiguille se soutient horizontalement , cette suite de points ne décrit pas l'équateur lui-même (16) bien qu'elle en approche beaucoup, mais le coupe en trois endroits différens , c'est l'équateur magnétique. Ces effets ont des causes qui nous sont cachées.

Le fluide magnétique , de concert avec l'électricité, joue encore un grand rôle dans les aurores boréales, fréquentes surtout dans le nord ; ce sont des arcs lumineux, formés dans l'atmosphère , qui laissent échapper des jets et des rayons de lumière. Pendant leur durée qui n'est jamais très prolongée, on a remarqué que l'aiguille aimantée éprouvait des variations subites et irrégulières que l'on nomme affolemens.

L'AIR.

36. Tous ces prodiges ont lieu dans l'air, à une hauteur qui paraît quelquefois dépasser la hauteur assignée à l'atmosphère même , puisqu'on ne la suppose que de 18 à 20 lieues. Cette assertion repose, il est vrai, sur une assez faible raison, tirée de la réfraction des rayons lumineux par les couches supérieures de l'atmosphère ; or , les couches supérieures ne sont pas assez denses et ne peuvent rien réfracter, comme nous le verrons plus tard ; car l'air est un fluide transparent , incolore , pésant, compressible et élastique. En décomposant les couches inférieures de l'air , on le trouve composé de différens gaz , dont les uns sont respirables , les autres non respirables , mais ces derniers en très minime quantité. L'air est transparent ou diaphane , les rayons lumineux le traversent dans tous les sens ; il est incolore , bien que les rayons solaires se réfléchissent au point de former la couleur azurée

que nous voyons en jetant les yeux au ciel. Cette couleur se fonce à mesure que l'on s'élève, parce que l'air ne réfléchit plus rien, et au sommet du Mont-Blanc le ciel paraîtrait noir, comme dans la nuit pour nous. L'air est pesant, on s'en est assuré par diverses expériences, mais sa pesanteur est peu sensible et 770 fois moindre que celle de l'eau. Il est compressible et élastique, autrement il peut occuper plus ou moins de place, suivant qu'on l'abandonne à lui-même ou qu'on le presse fortement, ce qui produit cette différence d'épaisseur et de pesanteur bien sensible dans les hauteurs diverses de l'atmosphère. Les couches inférieures sont plus lourdes et plus épaisses, et les supérieures deviennent d'autant moins denses et pesantes que l'on s'élève plus haut. Il en résulte que les rayons solaires traversent les couches supérieures de l'air sans les échauffer, ce qui cause le froid que l'on éprouve sur les hauteurs, froid d'autant plus intense que le le point est plus élevé.

AURORE ET CRÉPUSCULE.

37. Divers phénomènes paraissent dus à la réfraction des rayons lumineux par l'air, surtout l'aurore et le crépuscule. Les rayons solaires rasant la surface circulaire du globe, pénètrent dans les couches inférieures de l'atmosphère qui les brisent et les forcent à produire un angle rentrant, alors ils nous arrivent un peu avant que le soleil ne soit au-dessus et un peu après que le soleil est au-dessous de l'horizon. L'aurore et le crépuscule sont plus longs dans un ciel pur que dans un air chargé de vapeurs et nuages qui interceptent les rayons.

C'est probablement encore à la réfraction des rayons solaires, réfraction dont on ignore la cause dans cette circonstance, que sont dus les parélies ou faux soleils, phénomène qui laisse apercevoir plusieurs soleils, tantôt d'un côté tantôt de l'autre de cet astre; les parasélènes ou fausses lunes, prodige semblable au premier, ayant pour objet la lune. L'arc-en-ciel est dû à la décomposition des rayons solaires traversant les gouttes de pluie qui tombent. Enfin le mirage qui fait voir deux images du même objet, dont l'une renversée, n'est que l'effet de la réflexion des rayons solaires. Cet effet n'a lieu que sur la mer ou de vastes plaines parfaitement plates, où rien ne brise les rayons.

VENTS.

38. L'atmosphère est toujours en mouvement, plus ou moins, mais parfois elle éprouve des secousses violentes, une certaine partie se déplace; ce déplacement produit le vent, dont les causes nous sont pour ainsi dire inconnues. Mais si nous ne pouvons savoir comment le vent prend naissance, nous connaissons du moins comment il cesse; la terre étant ronde et le vent courant une ligne droite par l'impulsion reçue, doit toujours tendre à monter dans l'atmosphère et va se perdre dans les couches supérieures, mais auparavant il peut ébranler une partie considérable de l'atmosphère, cela dépend de sa rapidité, et de la masse mise en mouvement. Quelquefois le vent est assez faible pour que l'on ne puisse calculer sa vîtesse: lorsqu'il est sensible, il parcourt un à deux mètres par seconde; fort, sa vîtesse est de dix mètres; il y a tempête si elle est

du double, et dans un ouragan elle peut être assez prodigieuse pour devenir incalculable ; communément elle est de 4o à 5o mètres, alors il renverse les arbres et les maisons, si la colonne qui se déplace est assez forte.

Les vents sont froids lorsqu'ils ont traversé des régions froides, chauds lorsqu'ils nous viennent des points échauffés ; ils peuvent même devenir brûlans, tels sont les vents que l'on nomme Samiel (en Arabie), et Kamsin (en Egypte), qui suffoquent les hommes et les animaux, et qui soufflent de vastes déserts de sables échauffés. Ils sont encore humides, secs, prenant l'humidité ou la siccité des lieux qu'ils traversent.

ROSE DES VENTS.

39. Les vents doivent être variables à l'infini, venir de tous les points de l'horizon, ce qui leur a procuré les noms mêmes que porte cet horizon, pour les faire distinguer. Ainsi les vents principaux sont ceux du Nord, du Sud, de l'Est, et de l'Ouest. Les vents intermédiaires de ces premiers points portent les deux noms : Nord-Est et Nord-Ouest, Sud-Ouest et Sud-Est. Puis continuant la division, on donne aux vents des noms composés, du point principal le plus rapproché, répété deux fois, et de l'autre point plus éloigné, seulement une fois ; ainsi nous avons le nord-nord-est, qui souffle entre le nord et le nord-est, l'est-nord-est qui souffle entre l'est et le nord-est, et ainsi des autres. On peut même établir encore des subdivisions, mais on s'en tient ordinairement à trente-deux points divers, qui composent ce que l'on nomme la rose des vents.

VENTS CONSTANS ET PÉRIODIQUES.

40. Malgré cette variation naturelle, il est cependant des vents qui soufflent constamment d'un même point, pendant un certain laps de temps. Les causes de ces derniers sont assez généralement connues, on les nomme vents alizés et moussons. Les alizés soufflent entre les tropiques ; ils sont produits par la partie froide de l'atmosphère qui vient des pôles remplacer l'air des contrées chaudes que la chaleur du soleil a raréfié, ce qui produit un vide qui se remplit incessamment ; les moussons paraissent dus au mouvement de la terre, à l'action du soleil vers les parages de l'équateur et surtout aux obstacles que présentent les terres dans les lieux où ils soufflent (les Indes), obstacles qui les modifient nécessairement de mille et mille manières.

PLUIE, NEIGE, GRÊLE.

41. Si la cause de certains vents est due à l'action du soleil sur l'air, la propriété ou qualité particulière de tous vient de l'action des rayons solaires sur les terres et les eaux, car ils enlèvent des corps terrestres et surtout de la partie liquide du globe, des émanations continuelles qui s'élèvent dans l'air, parce qu'elles sont plus légères que lui. Puis les variations de l'atmosphère les rapprochent, les condensent et les rendent visibles, ce sont alors des brouillards ou des nuages ; des brouillards, lorsque ces vapeurs nous enveloppent ou rasent la surface de la terre ; des nuages, lorsqu'elles demeurent suspendues à une certaine

hauteur. Mais à force de se réunir, ne pesant plus
que sur une portion de l'atmosphère, elles deviennent
plus pesantes que l'air et tombent tantôt, en gouttes
liquides, c'est la pluie ; tantôt lorsque la température
est basse (33), en flocons blancs et glacés, c'est la
neige, lorsque l'air en s'échappant a divisé les molécules qui restent séparées par l'action de l'atmosphère ;
c'est le grésil, lorsque la masse est restée compacte et
serrée, enfin la grêle, si les boules congelées tombent ;
malgré que la température soit haute ; ce qui de-
mande une explication particulière. La grêle, chacun
le sait, ne tombe que dans un orage, parce que
chassés par le vent qui rase la surface de la terre,
et quelquefois par des vents contraires, les nuages sont
forcés de remonter à une grande hauteur dans l'atmosphère. Les couches d'air qu'ils parcourent sont tellement glacées (36), que les gouttes d'eau, bien que
devenues énormes par le ballottement, se congèlent
d'une manière subite ; puis, le vent qui les chassait
étant dispersé et devenu nul, elles se précipitent avec
rapidité sur la terre, sous leur forme congelée, mo-
difiée souvent par le frottement de l'air qu'elles traversent, très grosses d'abord, puis diminuant successivement, accompagnées de pluie pour la plupart du
temps, soit qu'une partie du nuage seulement ait
été congelée, soit que les parties inférieures de l'atmosphère continssent de la pluie, ce qui arrive le
plus souvent (*). La grêle peut donc tomber partout
et doit tomber en été plutôt qu'en hiver. Mais d'après

(*) Je hasarde une explication de la formation de la grêle qui me
paraît plus naturelle que toutes celles que j'ai lues et que l'expérience
peut aisément confirmer.

ce qui vient d'être dit, la pluie surtout doit être plus fréquente et plus constante à mesure que l'on s'avance vers l'équateur. En effet, les vents arrivant continuellement chargés de pluie et devenant plus rares par l'action du soleil, laissent échapper leur contenu. Aussi voit-on entre les tropiques des pluies périodiques qui durent quatre, cinq et même six mois, et produisent les crues périodiques des fleuves de ces parages. C'est toujours de la pluie et non de la neige, la température étant assez haute; au contraire, il est des lieux qui ne voient jamais de pluie et toujours de la neige, ce sont les lieux assez élevés ou assez éloignés des rayons solaires pour que l'atmosphère soit froide, ce qui nous conduit à parler des points les plus saillans du globe.

MONTAGNES, GLACIERS.

Pour tout ce qui va être dit dans la suite, il faut consulter le grand globe terrestre, où toutes les divisions se trouvent bien sensibles et sans la moindre confusion.

42. Les terres ne présentent point une surface unie, elle est au contraire fort inégale, offre des cavités et des hauteurs. Ces hauteurs sont plus ou moins larges à leur sommet; larges, on les nomme plateaux; étroites, ce ne sont que des montagnes, et même des pics lorsqu'elles se terminent en pointes. Les plateaux et montagnes parcourent les terres dans tous les sens, on peut suivre leur marche presque régulière de l'une à l'autre des extrémités de chacune des terres. Quelques-uns de leurs points sont assez élevés pour conserver des neiges et des glaces

éternelles, ces réceptacles se nomment glaciers. Ces glaciers varient de hauteur suivant que l'on s'éloigne de la
ligne équinoxiale (16). Sous cette ligne même les glaces
sont éternelles, mais à une hauteur de 4,680 mètres.
S'éloignant de l'équateur de trente degrés dans chaque
hémisphère, la hauteur des glaciers n'est plus que de
3,700 mètres; dix degrés plus près des pôles elle est
de 3,300; à égale distance des pôles et de l'équateur,
de 2,700; puis à 72 degrés il ne faut que 585 mètres
d'élévation; enfin les régions qui avoisinent les pôles
et ces points eux-mêmes sont des glaciers éternels,
dont le soleil dans son ardeur enlève bien de nombreuses émanations, mais qu'il ne fond jamais entièrement.

VOLCANS,

43. Au milieu de ces glaces, de ce froid éternel,
sur le sommet des montagnes les plus élevées du
globe, et quelquefois sur des monticules, on rencontre
des gouffres prodigieux par leur profondeur, nommés
volcans, qui vomissent de la fumée en tous temps, et
par intervalle des cendres, du feu, des laves ou des
matières en fusion, qui descendent des montagnes sous
la forme de torrent enflammé, et laissent sur le terrain
une croûte qui se refroidit et se durcit peu à peu.
Ces matières parties du cratère, suivent la pente des
terres, s'étendent quelquefois à des distances immenses, faisant une plaine rase de tout ce qui s'oppose
à leur passage. Ordinairement l'homme est averti de
ces éruptions par des tremblemens de terre, causés
probablement par l'éboulement des matières intérieures et la dilatation des vapeurs qu'elles renferment.

RÉSERVOIRS SOUTERRAINS.

44. Les volcans paraissent un accident dont l'utilité échappe à la vue de l'homme, accident jeté au milieu des montagnes, dont la principale destination semble être de servir de réceptacle aux eaux. Leurs sommets arrêtent les nuages, en reçoivent la partie liquide qui s'infiltre dans les terres; le soleil de son côté fond les neiges et les glaces amassées par les hivers; toutes ces eaux pénètrent dans les terres par mille fissures et vont se réunir dans la partie intérieure de la montagne qui offre une résistance à leur action, et de là courent jaillir à la surface des terres, ou coulent dans l'intérieur pour fertiliser le globe. Sans eau tout est aride, la végétation meurt; aussi les vastes plaines qui ne renferment aucun point culminant ne sont-elles que des déserts. Quelques-uns de ces terrains plats se trouvent sur le sommet des monts, sur les plateaux, d'autres au niveau de leur base, mais à un grand éloignement. Mais aucun, n'étant garni de monticules qui puissent servir de de réservoir aux eaux, ne présente de végétation; les terres fertiles, au contraire, sont les vallons bien arrosés par les eaux extérieures ou intérieures; car bien que l'eau ne coule pas toujours à la surface, elle n'en féconde pas moins le sol, pourvu qu'elle ne coule pas à une trop grande profondeur, ce qui dépend surtout des qualités du terrain.

ESPÈCES DE TERRAINS.

45. Car tous les terrains ne sont pas également propres à servir de réservoir ou de lit à la partie liquide,

mais dans presque tous on rencontre la substance très dure appelée granit, sur laquelle les eaux n'ont point d'action. Les montagnes les plus hautes et les plus dures en sont ordinairement formées : leurs crevasses servent de conduit et leurs cavités de réservoir aux sources les plus considérables. Ces terrains sont nommés primaires, c'est la base, la pierre première de l'édifice que nous nommons terres. Sur cette base se trouvent déposées différentes couches de matières de toute espèce, qui fourmillent de débris d'animaux et de végétaux, surtout de coquillages de mer. Enfin ce terrain secondaire est recouvert par d'autres couches qui ne se rencontrent guère qu'au pied des montagnes qui paraissent de formation plus récente, ces terrains nommés tertiaires se composent de débris des deux premiers. Dans un grand nombre de lieux on rencontre des terrains volcaniques ; c'est la lave qui s'est couchée par assises irrégulières, puis s'est durcie ; cette espèce de cendres est très-féconde, ainsi que l'humus ou terre végétale, croûte plus ou moins épaisse qui couvre la surface du sol, toujours épuisée pour les besoins des animaux et toujours entretenue par les débris de mille et mille corps, et le dépôt des émanations voiturées par l'atmosphère.

MINÉRAUX.

46. Au milieu de ces terrains, ou plutôt dans leur composition, entrent mille substances diverses, ayant une existence propre ou formées par l'agrégation successive de molécules de même espèce, substances que l'on nomme minérales, dont les unes sont remarquables par leur acidité, telles que le salpêtre, le

sel gemme ou sel commun (produit terrestre), l'alun, l'ammoniac et cent autres ; quelques autres par leur propriété de combustion, ainsi que le souffre, le bitume, la tourbe, la houille ; d'autres encore par leur formation ; ce n'est qu'une masse de terre, quelquefois une petite partie, pétrifiée par le temps, qui forme ainsi même les pierres précieuses ; on trouve aussi les métaux, l'or, l'argent, le cuivre, le plomb, le platine le plus lourd de tous, et d'autres jusqu'au nombre de vingt-huit. Tous ces minéraux, dont les uns sont soumis à l'action de l'eau et les autres non, sont bien propres, même par le simple contact, à lui donner des qualités particulières.

PROPRIÉTÉS DES EAUX.

47. Toutes les eaux nous arrivent donc chargées plus ou moins de substances étrangères ; mais la plus grande partie n'en contient pas en quantité suffisante pour que cela soit sensible, ce sont les eaux ordinaires. Mais quelquefois leur saveur frappe les organes, ce sont les eaux minérales, qui prennent le nom de médicinales si elles ont action sur le physique de l'homme. En certains lieux elles sortiront thermales, c'est-à-dire chaudes et même très-chaudes, sans autre propriété, ou bien étant minérales et même médicinales, puis thermales en même temps. Lorsqu'elles ont traversé des bancs de sel, elles paraîtront assez chargées de cette substance, pour que l'on puisse la recueillir, mais sans jamais pouvoir enlever le goût de salure. Les eaux accusent donc presque toujours les terrains divers qu'elles ont parcourus, mais quelquefois ces terrains

mêmes s'opposent à leur sortie, ou les forcent à parcourir d'immenses étendues avant que d'obtenir une source ; assez ordinairement toutefois les sources paraissent sur le versant ou au pied des montagnes, abondantes en raison de la hauteur de celle-ci ou de l'étendue des réservoirs. Ainsi il n'est guère d'élévation, quelque minime qu'elle soit, qui n'ait son filet d'eau, qui parcourant lentement le vallonet, va ajouter sa faiblesse à celle du ruisselet descendu d'une hauteur un peu plus prononcée ; le ruisselet va grossir le ruisseau entretenu par le réservoir d'une montagne de la dernière classe ; la rivière qui a pris sa source dans les monts de grandeur moyenne reçoit le ruisseau et coule jusqu'au fleuve, courant d'eau quelquefois immense, descendu des glaciers qui va, à travers de vastes régions, alimenter la mer, bassin plus ou moins étendu au milieu des terres, ou même se jette par une large embouchure dans l'Océan, ceinture liquide de toutes les terres(*).

LACS ET ÉTANGS.

48. Mais il arrive parfois que les eaux dans leurs cours rencontrent des obstacles insurmontables, alors elles cessent de couler, et couvrent les terres, se mettant partout à la même hauteur, ce qu'on appelle être de niveau ; ces amas d'eau sont quelquefois considérables, ils portent alors le nom de lacs, ou d'étangs s'ils sont peu étendus, et même de marais s'ils sont très minimes. Il est des lacs qui reçoivent des fleuves, des rivières, sont traversés par les uns ou les autres sans

(*) Voyez l'avant-propos.

sortir jamais de leurs limites, l'évaporation enlevant l'excédant.

Les obstacles rencontrés à la surface du globe, sont quelquefois d'une nature contraire à ceux que nous venons de signaler; le terrain au lieu de présenter une hauteur offre brusquement une cavité, un niveau plus bas, ce qui change celui du courant. L'eau se précipite avec d'autant plus de violence que la profondeur est plus considérable. Si le changement de niveau est peu sensible, on le nomme brisant, rapide; saut quand le niveau est quelque peu dérangé; chûte lorsque le saut est un peu plus fort; enfin cataracte si la chûte est d'une grande hauteur. Ces effets aperçus à la surface du globe, paraissent être les mêmes à l'intérieur; au reste ce sont des accidens assez rares; ordinairement les eaux poursuivent paisiblement leurs cours à l'intérieur jusqu'à la source, à l'extérieur jusqu'à l'embouchure, fécondant tout sur leur passage.

PRODUCTIONS EXTÉRIEURES.

49. L'eau non moins que l'air est indispensable aux animaux et aux plantes qui couvrent le sol, et qui, réunis aux minéraux ou productions intérieures (46), forment ce que l'on nomme les trois règnes de la nature. Il est des animaux communs à presque toutes les parties du globe, d'autres particuliers à certains climats. L'homme se trouve partout et vit partout, si l'on en excepte les régions les plus voisines des pôles, qui servent d'habitation aux ours blancs, aux rennes, aux élans. La partie la plus chaude du globe sert de demeure aux animaux féroces

le tigre, le lion, ou de la plus grande dimension, l'éléphant, le rhinocéros, ou de l'enveloppe la plus éclatante, tels que le colibri, l'oiseau de paradis, la giraffe. Il en est enfin qui ne peuvent vivre que dans des régions tempérées, comme l'abeille et le ver à soie; mais tous naissent à côté de l'animal qui doit leur servir de pâture, ou de la plante qui doit les nourrir. Ainsi le mûrier, nourriture du ver à soie, cesse de croître en-deçà et au-delà de certains degrés, tandis que les plantes utiles à la nourriture de l'homme naissent presque partout, si nous en exceptons le riz, qui ne croît plus au-delà du 47ᵉ degré, le blé par-delà le 55ᵉ, et la vigne au-delà du 50ᵉ, à quelques exceptions près. En général, les végétaux les plus parfumés, la myrrhe, le café, le cacao, le poivre, la canelle, la muscade croissent dans les régions voisines de l'équateur; et les plantes perdent successivement de leur saveur et de leur odeur à mesure que l'on s'avance vers les pôles, mais il en naît partout assez pour la nourriture des habitans de l'air, de la terre et même des eaux: car ces dernières sont peuplées aussi d'une infinité d'êtres, nommés poissons, qui font partie du règne animal, et sont même couvertes de végétaux. La mer elle-même sert de demeure à de nombreux habitans, comme nous allons le voir en descendant les fleuves, après avoir jeté un coup d'œil sur les configurations des terres.

FIGURES DES TERRES.

5o. Les terres environnées de bassins immenses, qui occupent plus des deux tiers de la surface du globe, ne sont pas toutes réunies, mais coupées au contraire dans tous les sens par les courans. Quelquefois cependant elles sont très étendues, ce sont les continens; d'autres fois resserrées en un petit espace par les eaux qui les enveloppent, ce sont les îles, qui se groupent les unes près des autres, ce qui forme un archipel; ou bien demeurent isolées dans les mers. Les terres qui méritent le nom de continens, sont au nombre de trois, l'ancien continent, ainsi nommé parce qu'il paraît avoir été le berceau du genre humain, le nouveau continent, resté inconnu pour nous jusqu'en l'an 1492, enfin une île dont la grandeur reconnue assez récemment a mérité le nom de continent. Toutes ces terres, continens et îles, battues sur leurs bords par les eaux forment dans leurs contours mille figures bizarres dont quelques-unes, les mêmes partout, ont mérité des noms particuliers. Ainsi la terre dans un grand nombre de lieux tend la tête pour ainsi dire au milieu des mers, ces têtes se nomment caps; si le cap est bas et aigu, c'est une pointe; s'il est élevé, c'est un promontoire; la région attachée au continent par une langue de terre, nommée isthme, prend le nom de presqu'île ou péninsule. Les rochers établis sur les bords des mers, comme pour défendre les terres, sont des rescifs ou brisans, parce qu'ils brisent les flots et préservent les terrains de la submersion.

EAUX MARINES; FIGURES DIFFÉRENTES.

51. Les terres ne peuvent former les figures que nous venons de décrire, sans forcer les eaux qui les enveloppent à présenter des aspects toujours uniformes. Ainsi l'on voit la continuité des mers presqu'interrompues par les terres former, ici une manche,

un canal, un pas, c'est un mince courant qui sert de communication de l'Océan à l'Océan, ou bien sous le nom de détroit, de l'Océan à une mer intérieure, dite Méditerranée. Ailleurs les eaux s'avancent dans les terres par une large ouverture, mais peu profondément, c'est un golfe, c'est une baie, une rade, un hâvre, un port pour abriter les vaisseaux, noms qui diffèrent suivant le plus ou moins d'étendue de ces eaux.

SALURE ET PROFONDEUR.

52. Mais qu'elles soient ou non au milieu des terres, les eaux marines ont un caractère particulier qui les distingue de toutes les eaux dites terrestres; c'est la salure, plus ou moins forte, suivant la grandeur des bassins et leur éloignement des terres, mais toujours très sensible, et contenant une quantité de sel que l'on obtient par l'évaporation et que l'on connaît dans le commerce sous le nom de sel marin, aussi sel commun (46). C'est à la salure que nous devons la pureté des eaux marines qui ne se corrompent jamais. Ces eaux inégalement salées, ne sont point non plus également profondes, ni d'une température (33) égale. On s'est assuré qu'elles se refroidissaient en raison de la profondeur, et mille expériences ont prouvé qu'elles demeuraient toujours plus froides vers le fond qu'à la surface. On est porté même à croire que le fond des mers d'une grande profondeur est partout congelé, mais ce n'est qu'une conjecture ayant besoin de s'appuyer sur l'expérience. Quant à la profondeur on a pensé qu'elle ne dépassait pas huit mille mètres, cependant les plus fortes sondes n'ont jamais atteint au-

delà de deux mille. Les eaux des mers se gèlent et restent même continuellement gelées vers les deux pôles.

MARÉES.

53. Cet amas effroyable de liquide se met en mouvement deux fois par jour, il oscille comme le balancier
d'une horloge, ce sont les marées. Les eaux s'élèvent
sur les terres pendant six heures, couvrent tous les ri-
vages, c'est le flux ; parvenues à leur plus grande hauteur, elles stationnent quelques instans, ou plutôt ne
stationnent pas, mais le mouvement de retour, nommé reflux, ne s'est pas encore fait sentir jusqu'aux
extrémités ; il arrive, les eaux redescendent, puis
rentrées dans leur lit, demeurent sans mouvement jusqu'à ce que l'impulsion soit donnée, alors elles recom-
mencent, ce qui produit la haute et la basse mer.
Cette régularité de mouvemens qui s'opère, terme
moyen, dans le même laps de temps que la lune met à
revenir au méridien; les différences dans la force des
marées suivant l'inconstance de cet astre, laissent
croire qu'il n'est pas étranger à ce phénomène. Le soleil lui-même pourrait bien aussi exercer quelqu'influence sur les marées, car les plus fortes arrivent
pendant la conjonction et l'opposition. Il est clair que
les marées sont à peine sensibles dans les mers médi-
terranées, peu fortes sur les bords de l'Océan libre et
non resserré par les terres, mais d'une grande violence
dans ses parties étranglées par deux régions.

MOUVEMENS DIVERS DES EAUX MARINES.

54. Outre ce mouvement quotidien et général, il en
est d'autres auxquels obéit l'Océan. Les eaux des pôles

se portent constamment vers l'équateur, comme on le voit par la direction des ·glaces. Ces courans dans leur direction vers les tropiques, rencontrent des terres qui brisent leur route et leur donnent quelquefois une direction contraire, ou bien sont rencontrés par des courans opposés et tournant alors sur eux-mêmes par la force du choc, forment un gouffre ; mais lorsqu'ils peuvent arriver en liberté jusqu'aux tropiques, ils semblent alors se diriger de l'est à l'ouest, dans un sens contraire à celui de la rotation du globe; alors il est probable que les eaux ne formant pas une masse compacte, n'obéissent pas sur-le-champ, à leur surface surtout, au mouvement imprimé par la rotation, et paraissent par conséquent aux yeux de l'observateur se diriger vers l'ouest.

D'autres mouvemens n'agitant que la surface des eaux sont dus à des causes étrangères. L'atmosphère, par son mouvement continuel, fait rouler les unes sur les autres, les couches supérieures. Ce sont des ondes légères, qui deviennent des flots, si le vent devient plus fort et des vagues épouvantables qui s'élevent à une grande hauteur, dans une tempête. Mais ces vagues plus ou moins profondes n'atteignent jamais le fond de la mer, où ses habitans peuvent demeurer sans crainte.

PRODUCTIONS MARINES.

55. Car la mer a ses productions, ses habitans, dont les uns lui sont propres, les autres communs avec l'air ou les terres. Le fond des mers produit des plantes, et leur surface en nourrit en grande quantité, on y trouve des coquillages, des poissons dont quelques-uns, tels que les baleines, les cachalots enfantent des

pétits et les allaitent. Lé caractère de férocité est naturel à plusieurs d'entr'eux, les autres sont doux et paisibles, tous ont une conformation étrange et même parfois bizarre. C'est la mer qui fournit les zoophytes, ces animaux plantes qui forment le dernier échelon du règne animal (49). Elle partage encore avec l'air l'existence de certains animaux qui vivent également dans l'un et l'autre élément, et que pour cette raison l'on nomme animaux à deux vies, ou amphibies. Cependant l'homme qui fait un si grand usage des eaux, qui se rend maître de tous leurs habitans, aussi bien que de ceux des terres, qui fait usage de toutes les productions maritimes, ne peut vivre dans leur élément, lui qui a trouvé les moyens de commander à leur action, qui les sillonne dans tous les sens. Aussi s'est-il emparé de tout ce qu'elles ont abandonné, comme nous allons le voir dans la troisième partie.

GÉOGRAPHIE HUMAINE

OU HISTORIQUE (1).

DISPERSION DU GENRE HUMAIN SUR LES TERRES.

56. L'homme, cet être qui, à toutes les qualités qui distinguent les autres animaux, joint la volonté, ce levier de l'intelligence, l'homme, qui seul a pu donner un nom à chacune des parties composant le tout admirable nommé univers, l'homme, qui se trouve aujourd'hui répandu sur la surface du globe tout entier, paraît descendre d'une seule famille, dont chaque membre s'empara dans la suite d'une portion de terrain et la légua à sa nombreuse postérité, dont la multiplication

forma un peuple, une nation, un état qui s'étendit , eut
des limites naturelles ou politiques , des coutumes particulières , des mœurs propres. Le berceau du genre
humain paraît avoir été placé vers le centre de l'ancien continent (5o). La terre occupée par la première
famille ne pouvant plus suffire à ses descendans , ils
s'étendirent sur ce continent, s'emparèrent successivement de chaque portion, puis, se multipliant toujours ,
il fallut traverser de minces détroits d'abord pour aller
occuper une île (5o) qui était en vue ; l'île devenue
trop circonscrite pour ses habitans, quelques-uns dans
une faible barque se hasardèrent à courir sur les eaux
chercher de nouvelles demeures ; ainsi tout se peupla
autour de l'ancien continent: Les habitans des îles venant échanger leurs produits, acheter ce qui leur était
nécessaire, aux habitans des grandes terres, un coup de
vent s'empara de la faible embarcation et la porta à
travers l'immensité de l'Océan sur les bords d'une terre
nouvelle , inconnue ; force fut à l'homme de rester sur
ce nouveau continent, puisqu'il n'avait point de moyens
de regagner sa patrie , ne sachant plus de quel côté
elle se trouvait , sans ressource aucune pour se diriger
sur les eaux. Ainsi se peuplèrent probablement les îles,
les continens que nous nommons aujourd'hui nouveaux,
parce que leurs habitans , sans communication avec
nous , sans souvenir traditionnel de notre existence ,
nous ignoraient autant qu'ils étaient ignorés de nous.
Nous les avons donc vraiment découverts, puisque nous
sommes allés les chercher , et l'on ne doit point s'é-
tonner que nous nommions nouveaux des continens
peut-être aussi anciens que le nôtre , mais restés in-
connus pour nous jusqu'à ces derniers temps. Ainsi les

terres habitées se trouvent pour nous partagées en ancien et nouveaux continens, les deux derniers n'ayant qu'une existence récente à notre égard.

DIVISIONS PARTICULIÈRES. — ASIE.

57. Chaque continent formant un tout unique reçut un nom général, ou même plusieurs lorsqu'il se trouva partagé en plusieurs portions considérables. Outre ces noms généraux, chaque coin de terre occupé par un membre de la grande famille, les montagnes qui le dominaient, les fleuves qui le sillonnaient, les lacs qui le coupaient, les mers qui l'environnaient, enfin tout eut un nom spécial, nom qui sans doute a changé plusieurs fois avant que de nous parvenir. De leur côté, les voyageurs découvrant des pays nouveaux pour eux, donnaient au sol, aux monts, aux plaines, aux fleuves, des noms tirés de diverses circonstances particulières, ou bien recevaient celui que leur avaient imposé les indigènes. De cette variété nous sont venus les noms généraux et particuliers fixés pour nous aujourd'hui, et que nous allons faire connaître en parcourant rapidement chaque partie des terres.

L'ancien continent a été partagé en trois grandes portions, que l'on nomme parties du monde, qui portent trois noms : l'Asie que l'on croit avoir été habitée la première, l'Europe à l'ouest de l'Asie, et l'Afrique qui tient à l'Asie par un isthme (50) étroit. L'Asie occupée par des peuples nombreux, présente : au nord, la Russie qui comprend la Sibérie, le pays des Samoïèdes, la Tartarie russe et la presqu'île (50) de Kamtschatka ; à l'est, les Tartares Mantcheoux, l'empire de

la Chine et la Corée ; au sud , le Tonkin , la Cochin-
chine , le Camboje, l'empire de Siam , celui de Bir-
man , le Bengale , l'Indostan , le pays des Afghans ,
la Perse et l'Arabie ; à l'ouest, la Turquie d'Asie et la
Russie d'Asie ; enfin au centre , la Tartarie indépen-
dante, la Bucharie, le Thibet et plusieurs nations er-
rantes.

Toutes ces régions confinant les unes aux autres ,
sont coupées par un grand nombre de montagnes plus
ou moins remarquables , dont voici les principales :
au nord , les monts Altaïs ; à l'est , les Jablonoï ; les
Gattes au sud ; le Caucase , le Taurus et les monts Ourals à l'ouest ; enfin au centre, l'Imaüs et le Thibet , qui
offre les monts Hymalaya , les plus hautes montagnes
du globe , dont l'élévation est de 7,800 mètres.

Ces montagnes servent de réservoirs à des eaux
nombreuses qui s'échappent et coulent sous les noms
de fleuves et rivières. On trouve au nord , l'Obi , l'Ye-
nisea , la Léna ; à l'est , le Saghalien ; le Hoang-ho ;
le Kiang-ho ; au sud , les rivières de Camboje , de Pégu,
d'Ava , le Gange et l'Indus ; à l'ouest , l'Euphrate et le
Tigre ; enfin au centre , le Cilioun et le Sirr , sans
compter une multitude de courans moins considérables.

Outre ces eaux courantes , il en est au milieu des
terres qui semblent n'avoir aucune communication avec
d'autres, telles sont la mer Caspienne de 41 mètres plus
basse que l'Océan (51), la mer Morte , le lac Aral , et
le lac Baikal. Ces amas d'eau reçoivent quelques fleuves,
rivières, mais la plus grande partie va se jeter dans
l'Océan, qui sous différens noms , enveloppe l'Asie , et
même s'introduit au milieu des terres. Ces noms dif-

férens de la partie liquide sont dus presque toujours à sa situation particulière, ainsi dans le nord, c'est l'Océan septentrional ou glacial; à l'est, le grand Océan, nommé aussi parfois Océan oriental; au sud, c'est la mer des Indes. Se glisse-t-il entre les terres, s'introduit-il au milieu d'elles, les effilant, formant des caps, des promontoires, ce sont d'autres noms. Ainsi l'Océan glacial forme le golfe de l'Obi; le grand Océan donne naissance à la mer du Kamtschatka, les terres formant le cap Lopatka, par la manche de Tartarie, les mers de la Chine ou du Japon, de Corée, la mer Jaune, les golfes de Tonquin et de Siam. L'Océan indien forme le golfe de Bengale, entre les deux presqu'îles de l'Inde, dont la pointe la plus occidentale est le cap Comorin. On y trouve encore la mer d'Oman, terminée par le cap Ras-al-Ghad, au milieu des terres le golfe Persique, formé par le détroit d'Ormus; enfin par le détroit de Bab-el-Mandeb la mer Rouge, qui se prolonge dans les terres au point de n'être séparée que par un isthme de la mer Méditerranée, mer dont la naissance due à l'Océan se trouve dans d'autres parties de ce continent, et qui cependant sert de limite à l'Asie, aussi bien que les mers Noire et d'Azow, auxquelles cette même mer Méditerranée donne naissance.

Au milieu de ces bassins immenses se trouvent des îles, petites et étendues, qui bordent les côtes de l'Asie et pour cette raison en font partie. Dans l'Océan glacial, se trouve la Nouvelle-Zemble, séparée du continent par le détroit de Waigats, les îles Kotclonoi et la Nouvelle-Sibérie, séparées par un détroit. Dans le grand Océan on rencontre l'archipel d'Yiesso, les Kourilles, les îles du Japon, qui forment un grand état,

Formose ; et dans l'Océan indien , Ceylan , les Maldives , les Laquedives et d'autres plus petites ; enfin dans la mer Méditerranée , l'île de Chypre , et l'archipel grec , dont plusieurs îles font partie de l'Asie. Cette partie du monde autrefois couverte de nations sans nombre , ne compte aujourd'hui que 550 millions d'habitans.

DIVISIONS PARTICULIÈRES. — AFRIQUE.

58. L'Asie par Suez, isthme étroit, donne la main à l'Afrique, partie du monde qui contient au nord l'Egypte, le pays de Barca, la Barbarie qui comprend les régences de Tripoli , Tunis , Alger , qui appartient à la France , et l'empire de Maroc. Les côtes en descendant à l'ouest , sont occupées par les pays de Sus, la Sénégambie , la Guinée, le Congo, l'Angora et le pays des Hottentots , qui occupent la pointe qui s'étend au milieu des mers! Remontant la côte est, on trouve la Cafrerie, le Monomotapa, les côtes de Mozambique , de Zanguebar, d'Ajan , enfin l'Abissinie, et la Nubie qui touche l'Egypte. L'intérieur presqu'entièrement inconnu, présente le pays des Dattes , le grand désert ou Sahara, la Nigritie, la Cafrerie, le pays de Darfour, dont les localités sont à peu près ignorées, ainsi que celles d'autres régions , d'autres déserts.

Ces terres diverses sont dominées par différentes montagnes aperçues plutôt que reconnues, si nous en exceptons les monts Atlas au nord, les montagnes de Guinée, les monts Alquamar ou de la Lune, qui s'étendent dans l'intérieur et une partie de l'ouest. On n'est pas d'accord sur l'existence des monts Lupata , que l'on qualifiait d'épine du monde.

Ces montagnes peu connues et d'autres encore ignorées donnent naissance à des fleuves dont on ne con-
nait bien que l'embouchure, et une partie du cours.
Ainsi l'on trouve en Egypte, le Nil, fleuve qui a une
chute immense (48) dans son cours, et dont la source
est à peine déterminée; à l'ouest, le Sénégal, la Gam-
bie, le Zaïre et le Couenza; à l'est, la Zambèse, le
Quilimanci, et d'autres courans moins considérables.
Le Niger coule dans l'intérieur de l'ouest à l'est, sans
que l'on puisse préciser sa source ni son embouchure.
Car ce pays brûlé par le soleil n'a jamais été exploré
parfaitement, les voyageurs depuis quelques années ont
fait des efforts inouis pour pénétrer dans l'intérieur,
mais mille obstacles arrêtent presque toujours leur
courage. L'intérieur est-il privé d'eau? n'est-ce qu'un
sable brûlé et brûlant? on ne peut encore rien assurer.
Deux lacs seulement sont connus, le lac Dembéa, près
des sources du Nil, et le Maravi dans la Cafrerie. Ces
lacs, d'autres non encore connus, sont-ils entretenus
par des courans, ou bien toutes les eaux continentales
vont-elles se jeter dans les mers qui enveloppent cette
partie du monde? Jusqu'à ce que de nouveaux voyages
nous aient éclairés, nous nous en tiendrons à cette
dernière assertion, la seule qui pour nous soit un
fait.

A partir de Suez, on trouve la mer Méditerranée,
formée par l'Océan qui se jette dans les terres par le
détroit (51) de Gibraltar, la pointe la plus nord de
l'Afrique; à l'ouest, s'étend l'Océan atlantique, qui sépare l'Afrique de la Colombie, l'un des plus grands
bassins du globe; à l'est, la mer des Indes, et la mer
Rouge à l'est-nord. Ces eaux forment différens golfes

dans l'intérieur des terres, et celles-ci diverses pointes. Dans la Méditerranée, on trouve les golfes de la Sidre et de Gabès, le cap Bon; dans l'Océan atlantique, grand nombre de golfes peu considérables, et de nombreux caps; ainsi les caps: Bojador, Blanc, Vert, des Palmes, des Trois-Pointes, de Lopès-Gonzalvès, de Bonne-Espérance et des Aiguilles à la pointe du continent; et dans l'Océan Indien, les caps des Courans et Guardafan, près du détroit qui donne naissance à la Mer Rouge.

Ces mers diverses, à l'exception de la Méditerranée qui ne contient que des terres peu considérables, sont couvertes d'îles assez rapprochées des bords de l'Afrique pour en faire partie. L'Océan Atlantique environne les Canaries, qui renferment Ténériffe, dont le pic, haut de 3,700 mètres, est un volcan (43), les îles du cap Vert, l'Ascension, Sainte-Hélène, où mourut Napoléon. L'Océan indien laisse voir Madagascar, qui a 340 lieues de longueur, séparé du continent par le canal de Mozambique, Comore et les Amirantes. Ces îles, ainsi que la grande portion du continent auquel elles appartiennent, sont occupées, autant qu'il est possible de le conjecturer, par cent millions d'habitans.

DIVISIONS PARTICULIÈRES. — EUROPE.

59. Cette partie de l'ancien continent la moins étendue comprend au nord, le Danemarck, la Suède, qui renferme la Norwège, la Pologne, la Russie d'Europe qui s'étend aussi dans l'Est; au milieu, l'Allemagne, l'Autriche, la Prusse, la Hollande, la Belgique,

la Suisse et la France ; au sud, l'Espagne, le Portugal, l'Italie, la Grèce et la Turquie d'Europe.

Ces régions diverses sont séparées entre elles, coupées dans tous les sens par un grand nombre de montagnes, dont voici les principales : les Dofrines en Suède, les Poyas et Ourals, qui délimitent l'Europe du côté de l'Asie, les Krapacks en Allemagne, dans la Suisse les Alpes, dont le pic le plus élevé est le Mont-Blanc, la plus haute montagne de l'Europe, s'étendant jusqu'à la France qui contient le Jura, les Vosges, les Cévennes, les Pyrénées, qui la séparent de l'Espagne, où l'on trouve la Sierra-Morena, la Sierra-Nevada, la Sierra de Cuença, enfin les Apennins en Italie, dont l'un des pics, le Vésuve, est un volcan.

Ces monts divers donnent naissance à beaucoup de fleuves et rivières, tels sont la Dwina, la Duna, le Volga, le Don, le Dniéper, le Dniester, la Vistule, le Danube, le Weser, l'Oder, le Rhin, qui a des cataractes (48), le Rhône, la Seine, la Loire, la Garonne, l'Ebre, le Minho, le Guadalquivir, la Guadiana, le Tage, le Pô, l'Arno et le Tibre.

Ces eaux courantes ne sont pas les seules qui couvrent la surface de l'Europe, il y a encore un grand nombre de lacs considérables. On voit en Suède les lacs Meler et Wener, en Russie les lacs Onega, Ladoga, Ilmen, Balaton en Autriche, en Suisse celui de Genève, traversé par le Rhône, celui de Constance, traversé par le Rhin, enfin les lacs Majeur, de Côme, de Peruggia, de Celano, en Italie, sans faire nombre de plusieurs autres moins considérables. Quelques-uns de ces lacs, outre ceux que nous avons mentionnés, sont traversés par des courans qui vont se jeter dans les bassins qui enveloppent l'Europe de trois côtés.

On trouve au nord la mer Glaciale, à l'ouest, l'Océan Atlantique, au sud, la mer Méditerranée qui prend le nom de Marmara après le détroit des Dardanelles et celui de Mer-Noire après le détroit de Constantinople. Ces mers se prolongent dans les terres sur différens points, ainsi l'Océan glacial forme la mer Blanche, l'Océan Atlantique qui, près de la Norwège, offre le Maelstrom, gouffre dangereux (54), forme, par le détroit nommé Sund, la mer Baltique, qui donne naissance aux golfes de Bothnie et de Finlande; le Zuiderzée en Hollande, la Manche par le pas de Calais, et par le détroit de Gibraltar la Méditerranée, qui renferme le golfe de Venise et donne naissance à d'autres mers, comme nous l'avons dit. De son côté, la terre présente diverses pointes prolongées, tels sont les caps nord dans la mer Glaciale, la Hogue, Finistère, Saint-Vincent dans la mer Atlantique, et les caps Passaro et Matapan dans la Méditerranée.

Les îles qui font partie de l'Europe sont : dans l'Océan septentrional le Spitzberg et l'Islande, qui renferme le volcan du mont Hécla, dans l'Océan Atlantique les îles Feroë, les Shetland, les Orcades, les Westernes, les Britanniques, comprenant l'Irlande, séparée de l'Angleterre et l'Ecosse par un détroit, îles formant un état riche et peuplé, les Açores, enfin on trouve les îles de Corse, Sardaigne, Sicile, remarquable par l'Etna, volcan en activité, et le gouffre (54) de Charybde, aujourd'hui peu dangereux, et partie de l'Archipel grec, dans la Méditerranée.

Cette petite portion de l'ancien continent est riche,

puissante et peuplée de plus de deux cents millions d'habitans. C'est à eux, à leur génie, qu'est due la découverte du nouveau continent, qui forme une seconde partie du globe et la quatrième partie du
monde.

DIVISIONS PARTICULIÈRES. — COLOMBIE.

60. La Colombie, ainsi nommée du nom de Chris-
tophe Colomb qui l'a découverte, que l'on appelle
aussi Amérique par une injuste habitude, se divise
naturellement en deux parties, relativement l'une septentrionale, l'autre méridionale, jointes par l'isthme
de Panama. La partie septentrionale contient, à partir
de l'est-sud : la Floride, les États-Unis, le Canada, le
Labrador, le Groenland, la terre des grands Esqui-
maux, les pays Russes, la Californie, le Nouveau-
Mexique, le Mexique, la Louisiane et la Nouvelle-
Orléans; et l'on trouve dans la partie méridionale : la
Terre-Ferme, le Pérou, le Chili, la Patagonie, le Pa-
raguay, le Brésil, le pays des Amazones et les Guyanes
française et hollandaise.

Des montagnes monstrueuses, labourées par de
nombreux volcans, s'élèvent dans ce continent nouveau, on voit dans la partie septentrionale, les Apa-
laches, les montagnes Bleues et les Rocheuses, dans
les dernières se trouve le mont Saint-Élie, volcan le
plus élevé du globe, et dans la partie méridionale,
deux chaînes énormes, le Matto-Grasso et les Cordi-
lières des Andes, brûlées par plus de cinquante volcans, dont les principaux sont le Cotopaxi et l'An-
tisana.

Ces masses donnent naissance à plusieurs fleuves dont le cours est immense. Dans la partie du nord ou septentrion, coulent le Mississipi qui reçoit le Missouri, l'Ohio, le Rio-Bravo, le fleuve Saint-Laurent, la rivière d'Hudson et la Delaware. La partie du midi est arrosée par l'Orénoque, la rivière des Amazones, la Plata.

On trouve encore dans la Colombie septentrionale des lacs immenses dont quelques-uns coulent les uns dans les autres et donnent naissance à des fleuves: tels les lacs Supérieur, Huron, Michigan, Ontario, Erié; et plus au nord les lacs Ouinipeg, des Montagnes et de l'Esclave.

L'Océan, de son côté, se jette dans les terres d'une manière si étrange, que l'on croirait qu'il vient de les abandonner et qu'il les quitte à regret. Ainsi la mer Glaciale morcelle tous les contours du nord et va, par le détroit de Bhéring, se jeter dans le grand Océan, qui forme la mer Vermeille et le golfe de Panama, près de l'isthme de ce nom. L'Océan Atlantique forme à l'ouest le golfe du Mexique, la mer des Antilles, le golfe Saint-Laurent, les mers de Baffin et d'Hudson.

Les terres ne peuvent être coupées par tant de courans sans offrir une configuration extraordinaire. Aussi trouve-t-on grand nombre de caps, dont voici les principaux : Farewel, de la Floride, Catoche, du Nord, de Saint-Roch, de Horn et de San-Lucar, à la pointe de la Californie.

Outre les terres qui forment le continent, on trouve des îles nombreuses sur les côtes, dans le grand Océan, les Aleutiennes, du roi Georges, du prince de Galles,

de la reine Charlotte, de Vancouver, et dans l'Océan
Atlantique, celles du cap Breton, de Terre-Neuve,
les Bermudes dans la haute mer. Dans le golfe du Mexique se sont dispersées les Antilles grandes et petites,
parmi lesquelles on distingue les îles de Cuba, de
Saint-Dominguè, de la Jamaïque, de Porto-Rico, le
groupe des Lucayes, et de plus petites en grand nombre, au milieu desquelles la France possède la Guade-
loupe et la Martinique. Enfin, à la pointe de la Colombie méridionale, est placée la Terre de feu, séparée
par le détroit de Lemaire de l'île des États, un groupe
de petites terres dont l'une forme le cap de Horn, enfin
les Malouines, et sur les côtes ouest de cette partie,
l'île de Juan Fernandez, la seule remarquée.

Cette partie du monde, autrefois couverte de peuples nombreux, ne compte guère aujourd'hui que
soixante millions d'habitans.

DIVISIONS PARTICULIÈRES. — OCÉANIQUE.

61. Cette cinquième partie du monde a trois divisions
bien distinctes : la Notasie, ou Asie méridionale, ce
sont les îles ou plutôt les terres étendues à la pointe
sud-est de l'Asie, l'Australie qui se compose de la
Nouvelle-Hollande et de plusieurs grandes îles voisines, enfin la Polynésie, ou îles répandues dans les
mers, loin de tous les continens. Ces terres sont dominées par des montagnes, coupées par des fleuves,
des lacs, mais les côtes seules étant connues, rien de
tout cela ne peut être déterminé, à quelques exceptions
près.

La Notasie, placée entre l'Asie et la Nouvelle-Hollande, comprend les îles de la Sonde, Sumatra, traversée par une chaîne de montagnes brûlées par des volcans, Java, très commerçante, Borneo, grande île peu connue, habitée par des hommes féroces, les Moluques, parmi lesquelles Célebès, très étendue, les îles aux Épices, les Philippines, entre autres Manille, divisée presque en deux parties par un isthme (5o) étroit, et plusieurs autres îles plus petites.

L'Australie se compose de la Nouvelle-Hollande, qui égale l'Europe en grandeur, dont les côtes seules sont connues et même assez imparfaitement, séparée par le détroit de Bass de la terre de Van-Diemen. On compte en outre dans l'Australie la terre des Papous ou Nouvelle-Guinée, grande île, la Nouvelle-Irlande, à l'ouest la terre de Kerguelen ou de la Désolation, à l'est l'archipel de Salomon, les Nouvelles-Hébrides, la Nouvelle-Calédonie et la Nouvelle-Zélande, partagée en deux parties par le détroit de Cook.

La Polynésie, renfermant les îles répandues dans l'Océan et qui ne peuvent être données à aucun des continens dont elles sont trop éloignées, se divise, par rapport à nous, en groupes par-deçà et par-delà l'équateur (16). En-deçà on trouve les îles Palaos, les Carolines, l'Archipel des Mulgraves, des Marianes et celui de Sandwich. Par-delà l'équateur on rencontre l'Archipel de Mendoce, celui de Rogewin, l'Archipel dangereux, les îles des Navigateurs, Fidjï, des Amis, enfin près de la Colombie l'île de Pâques, peuplée d'hommes buvant l'eau de mer sans en être incommodés.

Telles sont les îles répandues au milieu des eaux, et qui réunies formeraient un continent plus vaste que celui des deux Colombies, bien qu'elles ne paraissent que des points perdus sur la surface des mers. Elles sont loin d'être peuplées en raison de leur étendue, puisque l'on ne compte que trente millions d'habitans pour ces trois parties réunies ; il est vrai que ce calcul ne peut être qu'approximatif, attendu qu'il n'est point de moyens de s'assurer de la vérité.

VARIÉTÉS DE L'ESPÈCE HUMAINE.

62. Ainsi se trouvent disposées les terres reconnues jusqu'à ce jour, terres nécessairement aussi diverses par leurs productions (49), climat (19), température (33), que par la couleur, la conformation, les habitudes et les mœurs des habitans ; car bien que tous les hommes se ressemblent assez pour que l'on puisse en quelque sorte assurer qu'ils descendent d'une seule et même famille, cependant mille causes diverses ont introduit des différences assez sensibles, pour que l'on ait distingué cinq variétés dans l'espèce.

La variété blanche, occupant une grande partie de l'ancien continent, dont les caractères sont la peau blanche, les cheveux longs et la face ovale.

L'Afrique renferme la variété nègre qui se distingue par les cheveux noirs et crépus, le front convexe, le nez gros, les lèvres gonflées, et par sa couleur noire ou jaune bien foncé.

Le teint cuivré des indigènes de la Colombie a fait compter la variété Colombique.

La race tartare, au teint jaune, aux cheveux noirs et raides, à la tête quadrangulaire, à la face large, aux joues proéminentes, habite les pays de l'Asie au-delà du Gange.

Enfin le reste des terres est occupé par des hommes qui tiennent du nègre et de l'asiatique, c'est la variété malaie dont les traits caractéristiques sont d'avoir les cheveux noirs et lisses, le nez plat, le teint brun foncé.

LANGUES.

63. Tous ces hommes si variés par leur conformation ne diffèrent pas moins par leur langage. Tous communiquent entr'eux par la parole, et dans le langage le moins avancé comme dans la langue la plus polie, on trouve des preuves de leur origine commune ; cependant la langue primitive est perdue, nous n'en connaissons que les langages dérivés. On trouve en Asie une langue savante, le samscrit, qui offre des rapports frappans avec le persan, l'arabe, le grec, d'où vint la langue latine. Ces deux dernières ont donné naissance à presque toutes les langues de l'Europe, l'italien, l'espagnol, le français, etc. ; toutefois le hollandais, le danois, le suédois, ne sont qu'un composé d'allemand, des langues celte et slave, d'où sont sortis le russe et le polonais. L'arabe, répandu en Asie et en Afrique, est une langue ancienne qui a fourni grand nombre de dialectes, et qui paraît appartenir à la même souche que les anciennes langues orientales, l'hébreu, le syriaque, et d'autres. Le malais, langue ancienne, est demeuré particulier à cette variété de l'espèce ; le tartaro, dialecte de l'arabe, le chinois et le japonais, langues différentes s'écrivant avec les mêmes caractères, sont parlés par les peuples

dont ils portent le nom. Chaque langue offre en outre des dialectes innombrables, et les mélanges ont formé mille autres langages particuliers. On trouve même chez certains hommes un gloussement semblable à celui des animaux, c'est là toute la langue de ces malheureux sauvages.

MANIÈRE DE VIVRE, CIVILISATION.

64. Car nous nommons sauvages les peuplades qui ne savent que pourvoir à leurs besoins physiques. Ce sont des chasseurs ou des pêcheurs, suivant que l'une ou l'autre de ces occupations fournit à leur nourriture. Les peuples sont nomades lorsqu'ils vivent errant de pâturage en pâturage, occupés uniquement du soin de leurs bestiaux ; agriculteurs, s'ils se livrent à la culture de la terre ; mais tous à peu près sauvages, lorsqu'ils vivent sans commerce, sans arts industriels. Les nations à demi-civilisées trafiquent leurs produits, font des échanges, connaissent même quelquefois l'écriture qui demeure une invention stérile entre leurs mains, puisqu'elles n'ont pas les lumières qui donnent tant de prix à cette merveille. Mais le plus grand nombre des hommes ayant coordonné leurs connaissances, en ont fait des sciences fécondes, qui chaque jour enfantent les progrès de l'industrie, la perfection des arts ; ce sont les peuples civilisés, qui mettent en œuvre tous les dons de la nature, pour se procurer toutes les jouissances morales, tout le bien-être physique, et plaignent les misérables que l'ingratitude du climat ou l'inaptitude réduit à toutes es douleurs, quelques-uns même à ce point d'habiter

des cavernes au lieu de cabanes, d'où leur vient le nom de Troglodytes.

RELIGIONS.

65. Mais quel que soit le degré d'abrutissement ou de civilisation qui distingue l'homme, il craint et il espère, ce qui lui fait supposer une puissance supérieure à tout ce qu'il connaît. Il a donc une religion et toujours un culte, ou manifestation extérieure de sa crainte et de son espérance. Les religions doivent être fort nombreuses, mais on les réduit à deux en général : le monothéisme et le polythéisme. Le polythéiste reconnaît plusieurs dieux ; il est flétichiste, s'il regarde comme des êtres divins les choses animées ou inanimées qu'il craint ou en lesquelles il met son espoir, c'est la religion des malheureux sauvages. Il est sabien, s'il adore les corps célestes, religion très-répandue autrefois. C'est encore un polythéiste, celui qui suit les doctrines de Boudha, de Brama, ou qui obéit aux volontés du grand Dalaï-Lama, religions monstrueuses répandues en Asie.

Le monothéiste au contraire n'admet qu'un dieu créateur et tout-puissant. Entre les monothéistes on distingue le juif dont la religion est écrite dans l'ancien testament ; le chrétien qui suit la religion révélée par Jésus-Christ. Le christianisme se divise en deux églises : l'église grecque et l'église latine. L'église grecque a un chef particulier, une discipline propre et a conservé quelques rits abandonnés par l'église latine ; celle-ci a pour chef visible et spirituel le pape, qui réside à Rome ; elle a pris le nom d'église catholique, apostolique et romaine. Elle a vu se séparer les protestans qui ne veulent point admettre la suprématie du pape et rejettent quelques points dogmatiques. Enfin on regarde encore comme monothéiste le mahométan ou sectateur de la religion fondée par Mahomet, l'an 620 de notre ère ; c'est la religion dominante en Afrique, dans la Turquie d'Europe et une partie de l'Asie, tandis que la plus grande partie de l'ancien continent, et presque tout le nouveau, appartiennent au christianisme. Nous ne prétendons point mentionner une infinité de sectes sorties de chaque religion suivie par un grand nombre d'hommes, sectes répandues surtout chez les nations civilisées, car les autres craignent et espèrent sans raisonner ces deux sentimens.

GOUVERNEMENS.

66. Les nations civilisées sont encore les seules qui, sentant le besoin d'organiser leurs rapports mutuels, ont établi des sociétés à base fixe, à marche régulière. Les malheureuses populations forcées de pourvoir chaque jour à la nourriture du jour, sous le joug d'un maître impérieux, la nécessité, ne peuvent ni se réunir, ni se communiquer leurs idées. Quant aux peuples mi-civilisés, leur organisation sociale consiste à reconnaître un chef, ordinairement remarquable par les qualités en honneur dans sa nation, quelquefois fils d'un chef respecté, mais dont toute l'autorité se borne à marcher à la tête des guerriers sans jouir d'aucune autre autorité sur eux, sans pouvoir contraindre chacun à sacrifier une faible partie de sa liberté au bien de tous. Les hommes civilisés au contraire se sont soumis aux mêmes réglemens ou

lois, à reconnaître la même autorité, à en respecter les dépositaires, ce qui constitue un gouvernement. Ce gouvernement est tantôt une democratie pure, lorsque le pouvoir est exercé par la nation réunie, tantôt une aristocratie, lorsqu'une caste privilégiée dans la nation fournit les hommes du pouvoir, enfin c'est quelquefois une monarchie, lorsque le pouvoir premier et le choix de tous ceux qui l'exercent est entre les mains d'un seul. La monarchie qui se transmet de père en fils sans sortir de la même famille, est la monarchie héréditaire, elle est élective si le monarque peut être choisi dans toutes les familles ou même quelques-unes indifféremment. Le pouvoir du monarque est tempéré ou absolu, tempéré lorsque les coutumes, les lois, restreignent ce pouvoir, ces lois étant l'ouvrage de la nation, soit assemblée, soit représentée par un ou plusieurs corps choisis par elle. Le pouvoir est absolu, si la volonté du souverain est la loi suprême, sans qu'elle puisse être balancée par aucune institution modératrice.

Nota. Tels sont les points de vue principaux de la géographie considérée en général, c'est à la partie politique à entrer dans les détails sur la demeure de l'homme, à noter chaque accident de terrain, chaque bourgade, à suivre le cours de chaque ruisseau, les sinuosités du plus petit chaînon de monticules, notions particulières qui ne pouvaient entrer dans l'examen rapide du globe pris dans son ensemble. Nous ajouterons toutefois les moyens de se diriger sur les terres et les mers, ce qui déterminera ceux qui sont employés dans les représentations totales ou partielles du globe, les sphères et les cartes particulières.

MOYENS DE DÉTERMINER CHAQUE POINT DU GLOBE.

67. Jetant les yeux sur la sphère terrestre, on voit chacune des parties solide ou liquide occuper un espace déterminé, chaque continent, partie de continent, s'étendre d'un point fixe à un autre point également fixé, les îles dans une position relative à tous les autres lieux et non jetées au hasard au milieu de l'Océan. On sait qu'un vaisseau parti d'un port de l'ancien continent, se dirige à travers l'immensité des mers droit à un autre point du nouveau monde, sans se tromper, sans s'écarter de sa route. Ces deux connaissances laissent supposer qu'il est des moyens de connaître et l'étendue de chaque partie et sa position relative à l'ensemble. Ces moyens naturels et puisés dans la nature même de la géographie doivent déterminer les deux positions de chaque lieu, son éloignement des pôles par conséquent du milieu de la terre, et la position dans le sens contraire. Car la terre étant ronde (2 et 3), tous les lieux également éloignés des pôles satisferaient à la même question, si l'on n'avait en même temps la fixité dans le sens de l'est à l'ouest. Ces deux mesures ou marches contraires, se nomment, la distance aux pôles, latitude, et la distance opposée, longitude ; termes qui veulent dire le premier, largeur, le second, longueur, et qui ne peuvent par conséquent avoir une signification pour nous, puisque la terre n'est pas plus longue que large, l'aplatissement (6) considéré comme insensible. Ces expressions convenaient parfaitement aux anciens qui connaissaient une partie de l'ancien continent plus étendue en longueur qu'en largeur, mais nous devrions,

je crois, les changer en politude, et antipolitude :
politude, étendue de l'équateur aux pôles, antipolitude, étendue dans le sens contraire.

POLITUDE, ANTIPOLITUDE.

68. Fixer la politude (latitude) d'un lieu, c'est
fixer sa distance du pôle ou des pôles, et nous avons
vu que rien n'était aussi aisé que de connaître l'élévation de l'étoile polaire (5), que cette élévation dé-
pendait de la longueur du chemin que l'on faisait sur
la terre dans le sens des pôles, que cette étoile serait
verticale au pôle, tandis qu'elle est horizontale à
l'équateur (16), ou milieu de la terre. Par conséquent
l'élévation de l'étoile fixe de la manière la plus exacte
à quelle distance ou degré du pôle et de l'équateur se
trouve placé tel ou tel lieu, autrement donne la politude
(latitude) de ce lieu.

Mais les lieux placés au même éloignement formant
le tour de la terre, ou un cercle de politude (latitude),
il faut encore préciser la position du lieu sur ce
cercle, ou dans le sens du levant au couchant. Ici
l'état quotidien du ciel ne pouvant être d'aucun secours, on emploie un autre moyen. Nous savons que
le jour commence et finit à chaque instant pour deux
points du globe diamétralement opposés (15), que cette
succession est commune non-seulement au jour et à
la nuit, mais à chaque heure, à chaque minute de
l'un et de l'autre ; par conséquent, s'il est un moyen
d'obtenir en même temps et l'heure qu'il est au lieu
où l'on se trouve et l'heure qui sonne dans un autre
lieu quel qu'il soit à l'est ou à l'ouest, en avance

ou en retard, la position de ces deux points différens du couchant au levant ou leur antipolitude (longitude) sera déterminée. Cette connaissance s'obtient par plusieurs moyens, mais surtout par l'emploi des gardes-temps, montres faites avec assez de soin pour qu'elles ne varient jamais d'une manière bien sensible. Partant d'un lieu, on règle son garde-temps, puis le vaisseau une fois au milieu des mers, on observe la hauteur du soleil ou l'heure qu'il est, le garde-temps donne nécessairement la même heure ou une heure différente; si les heures sont les mêmes, il est prouvé que l'on s'est approché ou éloigné du pôle, c'est-à-dire, changé de politude (latitude); mais on n'a pas marché dans le sens contraire, on n'a pas changé d'antipolitude (longitude). Si l'heure est différente, on s'est avancé vers l'est ou vers l'ouest, on a changé d'antipolitude (longitude) sans que pour cela on ait varié de position par rapport au pôle. La différence des heures indique la longueur de la route parcourue; le garde-temps marque dix heures tandis que le soleil donne midi ou décrit le méridien (15) du lieu où l'on se trouve alors, la terre se trouvant partagée en vingt-quatre cercles horaires ou méridiens, qui comprennent 360 degrés, il est certain que l'on s'est avancé à l'est ou levant de 30 degrés. Le lieu où l'on se trouve est par conséquent à 30 degrés d'antipolitude (longitude) est du point de départ. Si le garde-temps au contraire est en retard de deux heures, on aura marché dans l'ouest un espace de 30 degrés, antipolitude (longitude) ouest du point de départ. Pour fixer la longueur du degré en lieues, il faut nécessairement connaître la politude (latitude), car les degrés d'antipolitude (longitude) sont d'une inégalité qui augmente à mesure que l'on s'avance vers le pôle. A l'équateur chaque degré d'antipolitude (longitude) est de 25 lieues, mais aux cercles polaires (16), cercles d'antipolitudè qui ne valent en circonférence que le quart à peu près de l'équateur, les degrés doivent nécessairement être plus petits; suivant une décroissance proportionnelle, depuis l'équateur aux pôles. Voici le tableau de longueur de ces degrés, établie de dix en dix degrés à partir de l'équateur pour arriver aux pôles. Le degré d'antipolitude (longitude) est, supprimant les petites fractions:

A l'équateur de . .	25 lieues.	
A 10 degrés. . . .	24 id. et demie.	
20 id.	23 id.	id.
30 id.	21 id.	id.
40 id.	19 id.	
50 id.	16 id-	
60 id.	12 id.	id.
70 id.	8 id.	id.
80 id.	4 id. et un quart.	
90 id.	o	

Cette diminution progressive ne peut avoir lieu pour les degrés de politude (latitude) qui sont tous de la même longueur, sauf l'aplatissement (6) considéré comme nul.

Par le moyen des garde-temps on peut donc toujours savoir sur quel point du globe on se trouve, pourvu toutefois que le garde-temps ne se dérange pas. Mais dans un voyage de long cours, il est à peu près impossible qu'il n'éprouve pas des variations, inévitables dans tout ouvrage humain ; le chaud, le froid, resserrant, relachant les matières qui entrent dans sa composition, l'emploi les détériorant, on ne peut pas toujours compter précisément sur l'heure qu'il donne. Aussi fait-on usage des observations astronomiques qui produisent absolument le même effet. On sait par l'étude du ciel à quelle heure doit s'éclipser, pour le lieu du départ, l'un des satellites de Mercure (28), à quelle heure doit se lever la lune, ou tout autre astre pour le même point ; ayant l'heure exactement renouvelée par le moyen du sablier, on observe ces phénomènes, et les différences d'heure donnent l'antipolitude (longitude) de la manière la plus précise. Ainsi se dirigent les navigateurs dans leurs courses. Ainsi furent fixés les points du globe.

SPHÈRES ET CARTES.

69. On conçoit maintenant que rien n'est plus facile que la représentation exacte de la planète. Cette représentation se fait de différentes manières, par des boules, ou sphères, ou globes, images naturelles prises dans une proportion très minime, mais toujours exacte ; par deux moitiés de sphère étendues sur un plan, l'une représentant le dessus l'autre le dessous de la terre ; cette sphère prend le nom de mappemonde, chaque moitié prend le nom d'hémisphère. Dans les mappemondes circulaires, on est forcé de courber les méridiens et les parallèles à l'équateur, pour rendre aussi naturellement que possible une surface courbe sur une surface plate. Il est des mappemondes qui donnent autant de largeur aux pôles qu'aux terres qui avoisinent l'équateur, ce qui

fait que les lignes parallèles à l'équateur ou au méridien n'ont pas besoin d'être courbées. L'intervalle qui sépare les méridiens est partout le même, tandis que celui qui sépare les parallèles à l'équateur, augmente à mesure que l'on s'approche des pôles ; c'est précisément l'ordre inverse de celui qui existe sur la terre. Mais cette erreur, suite inévitable du système, n'existant plus dès qu'elle est connue, n'empêche pas le grand usage de ces mappemondes, qui portent le nom de Mercator, leur inventeur. Il est clair qu'elles n'ont pas besoin d'être partagées en deux moitiés.

Aussitôt que l'on a pu représenter la totalité du globe, on a pu également représenter une portion grande ou petite. Il a fallu savoir de quel degré à quel degré de politude (latitude) et de quel degré à quel degré d'antipolitude (longitude), s'étendait le pays, la contrée que l'on voulait représenter. Mais toutes ces cartes partielles, générales à un vaste continent ou particulières à une région minime, doivent toujours présenter un rapport quel qu'il soit, avec la terre qui est l'original. Ce rapport s'établit sur chaque carte par une échelle de proportion qui fixe la longueur du degré sur la carte, et puisque cette longueur est connue sur la terre, la proportion est établie. Il faut toujours se souvenir de la diminution progressive des degrés d'antipolitude.

De peur de confusion on n'établit sur les sphères les parallèles à l'équateur et au méridien que de dix en dix degrés ; mais sur les cartes particulières, quelquefois les lignes parallèles à ces deux cercles premiers, sont établies de cinq en cinq degrés, de deux en deux, et même on écrit une ligne parallèle pour chaque degré, tout dépend de la grandeur de la carte ou de la longueur de l'échelle. Pour mesurer une sphère, il ne faut que prendre la longueur d'un degré de l'équateur, mais pour mesurer une carte, il faut connaître la proportion établie par celui qui l'a dressée, proportion toujours sous les yeux.

MOYEN DE SE DIRIGER SUR LES GLOBES ET CARTES.

70. Pour se diriger sur les cartes en général, on emploie le même moyen que pour se diriger sur les terres et les eaux. Veut-on savoir la position d'un lieu, il ne faut que déterminer sa politude (latitude) et son anti-politude (longitude). Il faut donc compter les degrés de l'une et de l'autre. Les degrés de politude (latitude), se comptent naturellement sur un méridien, puisqu'ils passent tous par les pôles et qu'ils sont tous égaux. De même on compte les degrés d'antipolitude (longitude), sur l'équateur et les parallèles, ayant toujours devant les yeux leur décroissance, ce qui est aisé sur les globes qui représentent la terre dans ses proportions naturelles. Dans les cartes particulières, on a cherché, autant qu'il a été possible, à imiter aussi la nature. Sur la terre, si vous vous tournez du côté du pôle, l'étoile polaire est toujours devant vous, de même, dans une carte, la partie la plus voisine du pôle, ou le nord (4), est toujours au haut de la carte, par conséquent le sud au bas, et à droite et gauche l'ouest et l'est. Il suit de là que les lignes qui qui terminent la carte dans le haut et le bas, et toutes leurs parallèles, sont des parallèles à l'équateur, tandis que les lignes terminatrices de chaque côté et leurs

parallèles , sont des parallèles au méridien convenu
que l'on nomme premier (15). Ainsi les degrés de politude (latitude) se comptent sur les lignes latérales, qui
sont toujours numérotées , et les degrés d'antipolitude (longitude) sur les lignes du haut et du bas, qui
sont aussi numérotées. Les numéros qui sont écrits
sur ces lignes, désignent la position du terrain représenté par la carte, par rapport à l'équateur et aux
pôles pour les unes, au méridien pour les autres. Pour
établir les distances, on compte 25 lieues pour chaque
degréde politude (latitude),et pour les degrés d'antipolitude on suit le tableau de décroissauce progressive ;
le numéro du haut de la ligne annonçant les plus petits,
celui du bas désignant les plus grands.

TABLE.

FIN DE LA TABLE.

Lyon, imprimerie de PERRET, rue Saint-Dominique, n° 13.

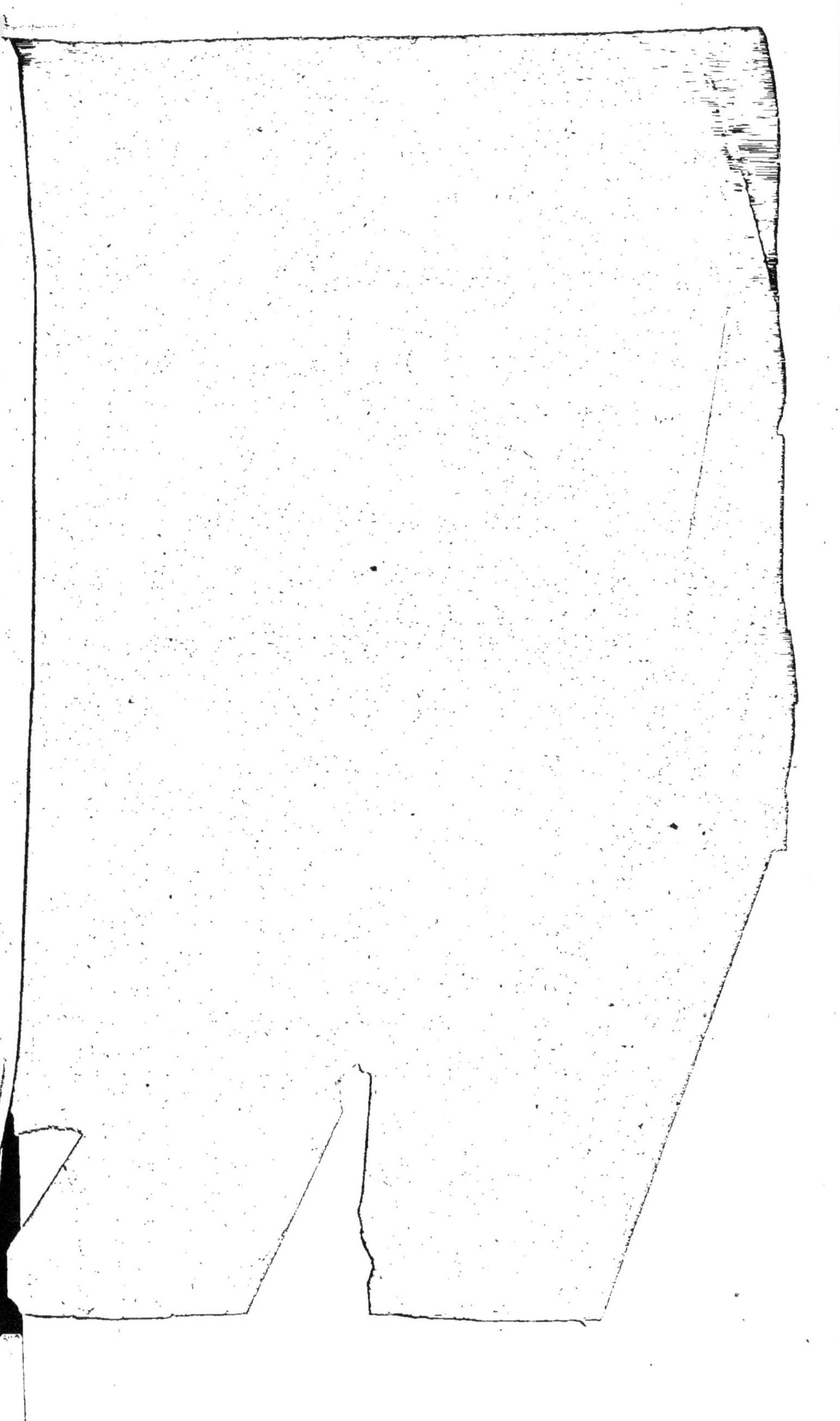

Ouvrages du même Auteur.

Lettres à Eucharite . . . . 3 fr.
Jeu pour apprendre l'arithmétique en s'amusant. Ce jeu
     peut remplacer le calcul de tête employé si avantageu-
     sement dans un grand nombre de pensionnats 3
Du doute en mathématiques; brochure in-8 1
Trigonométrie rectiligne, sans algèbre. 3

Graphomètre propre à tous les usages connus, servant de plus à
     mesurer la hauteur des nuages, d'un ballon; la profondeur d'une
     vallée, d'un précipice, etc., etc.

          Le modèle ne sera prêt que dans quelques mois.